DE

L'ÉPISPADIAS

OU

FISSURE URÉTHRALE SUPÉRIEURE

ET DE SON TRAITEMENT.

Ouvrages du même Auteur.

Des grands kystes de la surface convexe du foie. Thèse de doctorat, 1856.

Mémoire sur une variété de tumeur sanguine, ou grenouillette sanguine, 1857.

Mémoire sur les tumeurs cartilagineuses de la parotide et de la région parotidienne, 1858.

Mémoire sur les tumeurs cartilagineuses des doigts et des métacarpiens, 1858.

Mémoire sur les tumeurs cartilagineuses des mâchoires, 1859.

Mémoire sur les tumeurs cartilagineuses ou enchondromes du bassin, 1860.

De l'emphysème traumatique. Thèse de concours pour l'agrégation en chirurgie, 1860.

SOUS PRESSE :

De l'enchondrome ou traité pratique des tumeurs cartilagineuses considérées surtout au point de vue chirurgical. In-8° avec planches.

DE

L'ÉPISPADIAS

OU

FISSURE URÉTHRALE SUPÉRIEURE

ET DE SON TRAITEMENT

PAR

Le Docteur DOLBEAU

Professeur agrégé à la Faculté de médecine de Paris,
Chirurgien des hôpitaux, et hospices civils,
Membre de la Société anatomique,
Correspondant des Sociétés médicales de Lima et d'Odessa, etc., etc.

AVEC 4 PLANCHES.

PARIS

ADRIEN DELAHAYE LIBRAIRE-ÉDITEUR

Place de l'École-de-Médecine.

1861

DE

L'ÉPISPADIAS

ou

FISSURE URÉTHRALE SUPÉRIEURE

ET DE SON TRAITEMENT.

Les vices de conformation ont été, à l'origine de la science, considérés comme des objets de pure curiosité; les sujets qui en étaient porteurs furent rangés dans la catégorie des monstres. Plus tard, ces lésions furent mieux observées, et l'étude des malformations fut entreprise dans le but de faciliter les recherches sur le développement de nos organes. Enfin, dans ces dernières années, la chirurgie a tenté de remédier à ces arrêts de développement, et les progrès de l'anaplastie ont permis d'apporter un notable soulagement à tant d'infirmités réputées incurables. Néanmoins, les maladies qu'on a pu appeler chirurgicales congénitales, sont pour la plupart imparfaitement connues, et là se trouve la matière de nouvelles recherches fécondes en résultats utiles. L'épispadias est au nombre des lésions dont l'étude est presque entièrement à faire : on l'observe assez rarement; mais, le hasard nous ayant servi, nous avons pu donner des soins à plusieurs individus atteints de ce vice de conformation ; aussi nous est-il actuellement très facile de traiter la question dans son entier. Notre travail comprendra deux parties; dans la première, la fissure sera envisagée au point de vue anatomique et physiologique ; dans la deuxième, nous aurons à traiter des ressources qu'offre la chirurgie, contre les inconvénients attachés à ces malformations.

1

Épispadias de ἐπὶ, au-dessus, et σπάω, je divise, je perce, je tire.

Suivant Breschet (1), l'expression aurait été introduite dans la science par Chaussier et Duméril. Nous l'employons, dit-il, pour désigner un vice de conformation des parties génitales, dans lequel l'urèthre s'ouvre à la partie supérieure du pénis, plus ou moins près de l'arcade du pubis.

Les auteurs du *Dictionnaire de Nysten* définissent l'épispadias, un vice de conformation des parties génitales de l'homme, caractérisé par la situation anormale de l'ouverture de l'urèthre, qui est placée sur la partie supérieure ou dorsale de la verge, plus ou moins près de l'arcade du pubis.

Pour les médecins que nous venons de citer, l'épispadias serait donc une malformation consistant dans la situation anormale du méat urinaire, qui occuperait un point quelconque de la face dorsale de la verge.

Une digression est ici nécessaire :

Quand le canal de l'urèthre de l'homme, au lieu de s'ouvrir à l'extrémité du gland, présente son méat soit à la base de cet organe, soit dans un point quelconque de la portion spongieuse, mais toujours à la partie inférieure de la verge, on dit que le sujet est atteint d'hypospadias, de ὑπὸ au-dessous, et σπαζειν, percer.

Par opposition, l'épispadias devrait s'entendre de l'ouverture anormale de l'urèthre dans un point quelconque de la face supérieure de la verge, de ἐπὶ, au-dessus, et σπαζεὶν, percer. Cette interprétation est classique ; aussi, Chopart ayant observé un malade chez lequel l'urèthre s'ouvrait à la face dorsale du pénis, rangeait-il ce fait au nombre des hypospadias. A son époque, le mot épispadias n'existait pas dans la science, et toutes les fois que le méat n'occupait pas sa place ordinaire, il y avait hypospadias, quel que fût le siége de l'embouchure de l'urèthre.

Cependant les annales de la science renferment un certain nombre de faits dans lesquels l'urèthre se trouvait réduit à une simple gouttière, occupant toute l'étendue de la face dorsale du pénis. Dans ces cas, il y a autre chose qu'une anomalie dans la situation du méat, il y a scissure médiane du canal. Si l'on ne considère que l'orifice de sortie de l'urine, il se trouve également situé sur la face supérieure de la verge, on peut donc encore ranger ces malformations dans la classe des épispadias. Telle était sans doute la manière de voir de Breschet. Dans l'article qu'il a inséré dans le grand *Dictionnaire des sciences médicales*, et qui constitue en réalité le premier travail sur l'épispadias, il est surtout question d'un cas de fissure uréthrale supérieure ; l'auteur mentionne en plus quelques faits empruntés aux anciens et il essaye de les rattacher à son unique observation pour en faire un tout.

(1) Article ÉPISPADIAS du grand *Dictionnaire des sciences médicales*, t. XII, p. 579.

Depuis Breschet, plusieurs auteurs ont reproduit la substance de l'article du Dic-tionnaire, mais le plus souvent on n'a fait que mentionner le vice de conformation, de sorte qu'il faut arriver à ces dernières années pour trouver quelques remarques au sujet de l'épispadias. C'est en effet, tout récemment, que l'anomalie a été l'objet de tentatives chirurgicales. Enfin, quelques personnes ont abordé la question si délicate de la tératologie de l'épispadias.

Voici comment s'exprime M. Adolphe Richard, dans une note ajoutée à la publi-cation de deux faits qui sont dus à M. Nélaton(1) : « L'épispadias est mal défini par les auteurs. Sans doute, dans l'épispadias, l'urèthre n'est pas fermé à sa partie supé-rieure ; mais cette imperfection n'est que le résultat du vice congénital principal, c'est-à-dire de l'arrêt de développement qui a empêché les corps caverneux de se réunir. L'épispadias est la fissure des corps caverneux, comme l'hypospadias est la fissure des nymphes masculines ou corps spongieux de l'urèthre. J'ai vu deux fois l'épispadias chez la femme : une fois à la Clinique, M. Gosselin faisant le service, chez une paysanne atteinte en outre d'exstrophie de la vessie ; une deuxième fois, et tout récemment, à Lourcine, cette fois encore dans le service de notre même confrère, remplacé par M. Broca. D'après la nature de l'épispadias, il ne peut être que complet ; car dans l'évolution fœtale, l'arcade ischio-pubienne et le corps caver-neux correspondant, forment un même système. De plus, qui dit épispadias, dit aussi absence de symphyse pubienne, et c'est ainsi que chacun comprend qu'avec un degré de plus, on passe de l'épispadias à l'exstrophie de vessie. »

Pour M. Richard, il n'est plus question de la situation anormale de l'orifice uri-naire, la scissure uréthrale est toujours complète. Mais là n'est pas le vice de confor-mation ; ce qui constituerait l'épispadias, ce n'est pas la division de l'urèthre, mais bien le défaut de réunion des corps caverneux du pénis. Enfin, dit-il, comme l'arcade pubienne et les corps caverneux se développent simultanément, il n'y a qu'un pas de l'épispadias à l'exstrophie de la vessie. C'est par cette conception toute philosophique que notre collègue mentionne deux cas d'épispadias chez la femme ; il aurait pu mieux faire encore, et dire que dans le sexe féminin, toute exstrophie de vessie est un épispadias.

Nous avons vu plus haut que les auteurs du *Dictionnaire de Nysten* considéraient le vice de conformation qui fait l'objet de ce travail, comme absolument propre à l'urèthre de l'homme. Nous démontrerons bientôt que l'épispadias est une scissure qui porte seulement sur la portion spongieuse de l'urèthre et que, par conséquent, cette malformation ne peut se rencontrer que dans le sexe masculin ; mais reve-

(1) *Gazette hebdomadaire*, 1854, p. 416.

nons à ce fait important de la non-réunion des corps caverneux, et par conséquent, à cette idée que l'épispadias serait le premier degré de l'exstrophie de la vessie. Il faut reconnaître que cette manière de voir est très séduisante et qu'elle se présente tout de suite à l'esprit ; nous avons entendu émettre cette pensée par plusieurs personnes qui étaient venues voir nos malades : « Un peu plus, disait-on, et ces enfants avaient une exstrophie. Cette opinion a été formulée très au long par M. Richet, dans son *Traité d'anatomie chirurgicale*. A l'article *Développement des organes génito-urinaires, de l'appareil défécateur et du bassin*, M. Richet reproduit les idées généralement admises, et qui appartiennent au professeur Coste ; de plus, il fait voir que les données de l'embryogénie servent à rendre compte des malformations, celles-ci trouvant leur raison d'être dans des arrêts de développement. Après avoir donné la théorie de l'hypospadias, qui s'accorde avec la manière d'envisager la formation de l'urèthre, — l'auteur veut faire plus, — il entreprend de démontrer quelle est la nature de l'épispadias. Nous transcrivons deux passages qui ont trait à cette question.

« Quant à l'exstrophie de la vessie et à l'épispadias qui ne paraissent être que des degrés différents d'une même malformation, ils sont caractérisés, non-seulement par un arrêt dans le développement des organes génitaux internes et externes, mais aussi dans celui des branches ischio-pubiennes et des lames ventrales. Dans l'exstrophie complète, on trouve les branches ischio-pubiennes écartées, les corps caverneux divisés supérieurement, et au fond de la gouttière qu'ils forment, l'urèthre ouvert par sa face supérieure ; sur la ligne médiane abdominale antérieure, de l'ombilic à l'urèthre, existe une large fissure résultant de la non-réunion des lames ventrales entre lesquelles fait saillie, sous forme d'une tumeur rougeâtre, la poche urinaire dépourvue de paroi antérieure. Cette tumeur est constituée par la face muqueuse de la paroi postérieure de la vessie, sur laquelle se remarquent deux petits mamelons du sommet desquels s'écoule l'urine d'une manière incessante, et qui ne sont autres que l'embouchure des uretères. Dans l'épispadias qui représente le degré le moins avancé de ce vice de conformation, on trouve, comme dans l'exstrophie complète de la vessie, les corps caverneux et les branches ischio-pubiennes non réunis, l'urèthre ouvert par sa partie supérieure dans le fond de la gouttière caverneuse, mais la paroi antérieure de l'abdomen et celle de la vessie existent, seulement cette dernière fait entre l'écartement des deux pubis une hernie plus ou moins prononcée. Entre ces deux degrés extrêmes, on rencontre tous les intermédiaires. »

On trouve ailleurs, page 762.

« Quant à la non-réunion de la partie supérieure des deux corps caverneux, vice de conformation qui constitue l'épispadias, comme il ne résulte pas, uniquement du moins, d'un trouble dans l'évolution des organes génitaux externes, mais aussi d'un arrêt de développement des lames ventrales et de la vessie, il n'en sera fait mention qu'à l'occasion de ce dernier organe. »

Ainsi, pour M. Richet, l'épispadias n'est qu'un degré de l'exstrophie de la vessie; ce vice de conformation suppose l'écartement des corps caverneux et la non-réunion de l'urèthre à sa partie supérieure. Nous ne saurions partager ces idées toutes théoriques; nous espérons démontrer bientôt que l'exstrophie et l'épispadias sont deux malformations qui peuvent coexister, mais dont l'une ne peut être considérée comme le premier degré de l'autre. Enfin, il deviendra certain que l'écartement des corps caverneux ne constitue pas l'essence de l'épispadias, ainsi que cela a été formulé par M. Richard.

Dans une autre région, à la bouche, on observe un vice de conformation qui consiste dans l'écartement des deux os maxillaires supérieurs. Cette lésion peut ou non coïncider avec la division de la lèvre supérieure, ou avec celle du voile du palais. Cela ne veut pas dire que la gueule de loup soit le dernier degré du bec-de-lièvre, puisque cette dernière peut exister, et les faits le démontrent, sans division de la lèvre. Ce sont des vices de conformation qui peuvent coexister et voilà tout. Enfin, l'écartement des deux os maxillaires ne constitue pas plus l'essence du bec-de-lièvre que l'écartement du pubis et des corps caverneux ne sont la raison de l'existence de l'épispadias.

Chacun sait aujourd'hui que les lèvres se développent indépendamment des deux mâchoires. Les organes génitaux externes ont un mode de formation tout à fait à part de celui des organes internes. Il est certain qu'un vice de l'appareil externe coïncide souvent avec une malformation de l'appareil interne, mais au même titre seulement que chez le même individu plusieurs vices de conformation peuvent se rencontrer en même temps.

Dans la période embryonnaire, le fœtus qui présente un arrêt de développement dans les organes externes, a probablement plus de chances pour subir le même arrêt dans les organes internes, que sur tous les autres points; mais, je le dis encore, après la naissance, la division de l'urèthre sur sa face supérieure, n'est pas plus le premier degré de l'exstrophie de la vessie, que le bec-de-lièvre n'est le premier terme de la division palatine.

Pour bien établir notre opinion il suffira, pour l'épispadias, de démontrer que l'écartement des corps caverneux et des pubis n'est pas une condition indispensable d'existence, et qu'enfin la fissure uréthrale n'est pas toujours complète. On voit déjà que nous sommes disposé à voir dans l'épispadias plus qu'une anomalie dans la situation du méat urinaire.

Il est probable que l'opinion des auteurs que je viens de citer a été l'expression de vues théoriques ; l'observation des faits les eût certainement conduits à une manière de voir toute différente. On est d'autant plus surpris de l'erreur dans laquelle sont tombés des chirurgiens aussi distingués, que la science est depuis longtemps en possession de données très positives et très exactes relativement à la question qui nous occupe. Dans un livre dont la publication remonte à 1832, dans l'ouvrage de M. I. Geoffroy Saint-Hilaire sur les anomalies de l'organisation chez l'homme et chez les animaux, il est question de l'épispadias, et nous allons citer textuellement les passages qui s'y rattachent. On verra que l'auteur insiste sur la nécessité de distinguer, parmi les cas que l'on comprend sous le nom d'épispadias, deux genres d'anomalies liées par des rapports assez intimes, mais cependant essentiellement distinctes.

« Il résulte de la disposition normale de l'urèthre, au-dessous des corps caverneux dans une grande partie de son étendue, que la fissure uréthrale supérieure, à moins qu'elle ne soit compliquée d'une anomalie de connexion ou de l'état rudimentaire des corps caverneux, doit présenter des dispositions beaucoup moins variées que la fissure uréthrale inférieure. En effet, l'urèthre peut, indépendamment de toute complication, se changer inférieurement en un simple sillon, soit dès la région pubienne, soit sous le gland, soit dans tous les points intermédiaires ; supérieurement, il ne peut au contraire, sans qu'il y ait complication, présenter cette disposition qu'au-dessus du gland, puisque là seulement les corps caverneux ne sont plus interposés entre le canal et la face dorsale du pénis (1). »

Ailleurs on trouve encore :

« L'épispadias consiste dans l'embouchure anormale de l'urèthre à la partie supérieure du pénis, soit sur le gland, soit au contraire dans un point plus ou moins rapproché de la symphyse pubienne. Or, l'embouchure de l'urèthre lorsqu'elle se fait au-dessus du gland, est comme l'hypospadias, le simple résultat de la non-réunion des parois de ce canal ; et tel est précisément le cas le plus ordinaire. Aussi l'histoire de l'épispadias se rattache-t-elle à celle des anomalies par disjonction. Si, au contraire, l'urèthre s'ouvre, non plus sur le gland, mais sur le dos du pénis dans un point plus rapproché du pubis, cette déviation qui constitue un second genre d'épispadias très différent du premier, mais toujours confondu avec lui par les auteurs, est une véritable anomalie d'embouchure. Il est évident, en effet, qu'il n'y a plus simple arrêt de développement, mais bien changement de connexion, puisque l'insertion de l'urèthre se trouve transportée au-dessus des corps caverneux. Les cas où il en est ainsi, sont beaucoup plus rares que les cas du premier genre (2). »

(1) Geoffroy Saint-Hilaire, *Anomalies du développement*, t. I, p. 609,
(2) *Ibid.*, p. 506.

Ce qui précède, justifiera l'examen approfondi de la question suivante : Quand il y a épispadias, s'ensuit-il nécessairement qu'il y a écartement des deux corps caverneux et des os pubis? En d'autres termes, est-ce à la faveur de la disjonction des corps caverneux qu'est due l'apparition de la gouttière uréthrale à la face supérieure du pénis?

Les autopsies permettent seules de trancher la difficulté. M. Geoffroy Saint-Hilaire a bien émis une assertion, mais elle n'est pas suffisamment motivée, il ne cite aucune observation à l'appui de sa manière de voir. Un fait important est celui qui a été publié par Breschet et dont on trouve la relation dans le *Bulletin de la Faculté de médecine*, et à l'article ÉPISPADIAS du grand *Dictionnaire des sciences médicales*. Dans cette observation il est dit que « les deux corps caverneux étaient isolés dans toute l'étendue du pénis. » Impossible d'être plus explicite ; mais, heureusement pour nous, la pièce se trouve déposée dans le musée Dupuytren. Nous devons à l'obligeance de M. Sappey d'avoir pu examiner les choses de plus près. Voici quel a été le résultat de nos investigations. Le canal de l'urèthre, mesuré de l'extrémité du gland jusqu'au col de la vessie, a 5 centimètres 1/2 ; depuis le pubis jusqu'au col, c'est-à-dire dans toute la partie où le canal est complet, il a 1 centimètre 1/2.

Les corps caverneux ont 6 centimètres ; ils suivent la branche ischio-pubienne, comprenant dans leur intervalle le bulbe de l'urèthre, mais ils sont complétement accolés dans leur partie antérieure ou pénienne, c'est-à-dire dans l'étendue de 3 centimètres.

Ces deux organes n'ont pas de connexions aussi intimes qu'à l'état normal ; mais ils sont juxtaposés, réunis par des liens fibreux et ne présentent pas le moindre écartement. Nous avons dit que le bulbe était visible entre les deux racines des corps caverneux ; pour constater l'existence de la portion spongieuse de l'urèthre qui fait suite à ce bulbe, il a fallu séparer artificiellement les deux corps caverneux. On voit alors un petit cylindre spongieux qui se perd insensiblement dans le petit mamelon qui représente le gland ; celui-ci, loin d'être imperforé, comme le dit Breschet, présente une fissure médiane qu'le divise à sa face supérieure. En un mot, et contrairement à la description de l'auteur, les corps caverneux sont réunis, l'urèthre est superposé à ces deux organes, mais sa paroi supérieure manque. On peut encore signaler une erreur dans l'observation qui nous occupe ; l'examen de la pièce démontre l'existence de la prostate, et cependant Breschet déclare qu'elle n'existait pas. Quant à la symphyse des pubis, elle est normale.

A cette première observation, nous pouvons joindre une deuxième autopsie qui a été faite par nous, en présence de MM. Tillaux, Fischer, internes à l'hôpital, et de plusieurs autres médecins. Les pièces provenaient du petit garçon que nous avons opéré à l'hôpital des Enfants malades. Nous ne saurions exprimer trop haut notre gratitude pour l'obligeance avec laquelle M. Guersant a bien voulu mettre le sujet à notre disposition. (Voy. planche III.)

Nous renvoyons pour tous les détails à l'observation IV, mais nous pouvons en résumer les points importants. Les corps caverneux ont 6 centimètres de longueur; écartés à leur origine, ils se réunissent vers l'angle péno-scrotal pour constituer le corps du pénis. L'urèthre leur est superposé ; la muqueuse de ce canal est doublée par le bulbe et par quelques rudiments du corps spongieux de l'urèthre, si bien qu'après l'injection, cette petite masse érectile faisait une saillie très manifeste sur la ligne médiane du canal, ou plutôt de la gouttière uréthrale.

Les couches qui forment le pénis sont, en allant de la face dorsale vers la face inférieure : 1° muqueuse uréthrale, 2° couche sous-muqueuse, 3° quelques rudiments des corps spongieux, 4° les corps caverneux juxtaposés, 5° la peau. (Voy. pl. III, fig. 4.)

Entre cette autopsie et celle de Breschet, il y a la plus parfaite analogie; pour ceux qui ont vu les deux pièces, il y a identité absolue; et dans cette circonstance j'ai pu encore me convaincre que tous ces petits malades sont exactement conformés de même : qui a vu l'un connaît tous les autres.

Pour nous résumer quant à la question de l'écartement des corps caverneux, nous dirons que les deux seules autopsies connues démontrent que les corps caverneux ne sont pas écartés. Cependant ces deux organes sont plus indépendants qu'à l'état normal; ils sont imparfaitement développés. Enfin, et chose remarquable, on rencontre à leur face supérieure une gouttière qui rappelle celle qui reçoit d'ordinaire l'urèthre, et qu'on observe normalement à la face inférieure du pénis.

A ces autopsies vient se joindre l'observation clinique. Il y a des faits dans lesquels on a pu constater les rapports anatomiques des organes. Dans l'observation due à notre collègue M. Foucher (obs. II), il est dit que les corps caverneux sont réunis, qu'on sent à la face inférieure de la verge une légère rainure qui correspond à leur réunion ; que l'urèthre manque à sa place normale et qu'on le retrouve sur le dos de la verge. Nous avons pu examiner le sujet et vérifier l'exactitude de ces détails. M. Verneuil avait même émis l'idée que le pénis présentait une torsion qui aurait amené en haut la face inférieure de l'organe. Cette manière de voir ne nous a pas paru justifiée.

Salzmann, dans son observation, parle bien de l'écartement des corps caverneux, mais on trouve dans le texte plusieurs raisons pour supposer qu'il en était autrement. La planche jointe au texte ne démontre pas le fait en question.

Les trois malades que nous avons pu observer ne présentaient pas d'écartement des corps caverneux, et sur l'un d'eux (obs. VI) nous avons pu vérifier l'exactitude de cette observation clinique. (Voy. planche III.)

D'autres faits d'épispadias existent, mais les auteurs sont restés muets sur cette question de l'écartement des corps caverneux. Nous devons cependant déclarer que M. Barth, dans une très bonne observation qu'on lira plus loin, a décrit, d'une manière très positive, l'écartement des deux corps caverneux ; il dit en effet : « Les corps caverneux sont d'ailleurs peu intimement unis l'un à l'autre, et presque seulement attachés sur les parties latérales de la gouttière uréthrale, de sorte que l'épaisseur des tissus compris entre la muqueuse de ce demi-canal et la face inférieure de la verge, ne semble formée que par la peau et la paroi du canal, séparées par du tissu cellulaire. »

On remarquera la forme presque dubitative employée par M. Barth, « l'épaisseur ne semble, etc., » j'ajouterai qu'il est à craindre que l'auteur n'ait fait sa description, influencé par l'idée généralement admise, que dans l'épispadias les corps caverneux sont écartés. Nous avons déjà vu Breschet déclarer qu'il en était ainsi, à propos d'une pièce qui démontre évidemment le contraire. Nous ne voulons pas aller trop loin, mais l'assertion de M. Barth est pour nous l'objet d'un doute. Nous avons questionné cet honorable confrère, qui persiste dans les détails de son observation ; il a eu l'obligeance de nous communiquer le dessin de son malade, mais cette pièce est loin d'avoir entraîné notre conviction. Quelle que soit d'ailleurs l'interprétation de ce fait, les remarques qui précèdent sont bien de nature à démontrer que l'écartement est une chose rare et que son existence, loin d'être une condition indispensable, semble au contraire devoir être rangée parmi les complications de l'épispadias.

Les détails qui précèdent, les discussions que nous avons soulevées, ont eu pour résultat, nous le pensons, d'établir : 1° que l'épispadias n'est pas le premier degré de l'exstrophie de vessie ; 2° que dans ce vice de conformation les corps caverneux ne sont pas écartés l'un de l'autre, et que par conséquent il est inexact de dire que l'épispadias est une fissure des corps caverneux, au même titre que l'hypospadias serait la fissure des corps spongieux de l'urèthre.

Nous allons maintenant démontrer que dans tous les cas d'épispadias, la division ne s'étend jamais plus loin que la portion spongieuse de l'urèthre ; cela étant, comme tous les hypospadias sont aussi des fissures de la même partie du canal, nous pourrons dire que l'urèthre est susceptible de présenter, soit une fissure supérieure, soit une fissure inférieure, mais que le vice de conformation porte, dans tous les cas, sur l'appareil des organes génito-urinaires externes, appareil dont le développement se fait d'une manière indépendante de celui des organes internes.

Salzmann a rapporté une des premières observations de division en haut du canal de l'urèthre : dans ce fait, dont nous donnerons la relation, il est dit que « le pénis était fendu sur sa face supérieure dans toute sa longueur. La partie membraneuse de l'urèthre, placée sous l'arcade du pubis, était dans son intégrité, c'est-à-dire qu'elle formait un canal comme dans l'état ordinaire. » Ces détails suffisent bien pour affirmer que la division de l'urèthre ne portait que sur la portion pénienne du canal.

Morgagni, à propos d'un fait qui sera placé plus loin, dit que chez le sujet dont il parle, l'urèthre formait sur le dos du pénis un demi-canal qui aboutissait à un orifice qu'il supposait conduire dans la vessie et qui avait été pris pour une vulve. Encore ici la division s'arrêtait au pubis.

Chopart rapporte dans son *Traité des maladies des voies urinaires*, l'observation très courte d'un sujet évidemment atteint d'épispadias (1). « Nous avons vu un garçon, âgé de dix ans, qui avait l'urèthre au-dessus des corps caverneux. L'orifice du canal était près de la symphyse du pubis, et l'urine en sortait par jet du côté du ventre : l'urèthre, dans le reste de sa longueur, était ouvert et formait une espèce de gouttière rougeâtre, qui se terminait par une substance charnue en forme de gland aplati, et qui aurait été fendu dans la moitié de son épaisseur. » L'auteur mentionne ce fait comme une des variétés de l'hypospadias. Nous avons déjà dit que Chopart considérait le mot hypospadias comme servant à désigner un vice de conformation dans lequel l'orifice de l'urèthre n'est pas situé directement à l'extrémité du gland.

Breschet (2) s'exprime ainsi : « Je divisai la symphyse et j'arrivai ainsi sur l'urèthre; je reconnus alors que sous l'arcade du pubis ce canal était complet; plus en avant, il était dépourvu de paroi supérieure et seulement constitué par une gouttière creusée sur la face supérieure du pénis. » Nous avons, sur la pièce, pu nous assurer de l'exactitude de ces assertions.

M. Barth dit que l'urèthre de son malade était réduit à une gouttière qui s'étendait depuis le gland jusqu'au pubis.

Enfin chez les deux sujets observés par M. Nélaton, chez les trois enfants que nous avons opérés, à partir du pubis le canal devenait complet.

Les faits que nous venons de citer, se rapportent aux scissures les plus étendues que nous connaissions. Chez tous les individus, l'urèthre n'était divisé que depuis le pubis jusqu'au gland. Les deux seules autopsies connues, sont d'ailleurs confirmatives de cette donnée anatomique. Il reste donc acquis que l'épispadias est une

----

(1) Chopart, *Maladies des voies urinaires*, tome II, page 289.
(2) *Loc. cit.*

scissure de l'urèthre limitée à la partie spongieuse de ce canal. Nous pouvons maintenant formuler une définition ; notre manière de voir paraîtra suffisamment justifiée par les nombreux détails qui précèdent et par d'autres qui suivront.

Définition. — L'épispadias est un vice de conformation des organes génitaux de l'homme, caractérisé par la division plus ou moins étendue en haut de la portion spongieuse de l'urèthre.

Nous avons déjà fait voir que la fissure uréthrale pouvait consister en une anomalie par défaut de réupion ou par disjonction, mais que, dans certains cas, il y avait, outre la fissure, une anomalie de connexion. Il y aura donc deux grandes classes d'épispadias : 1° la fissure uréthrale supérieure simple ; 2° la fissure uréthrale supérieure avec inversion de l'urèthre.

De la fissure uréthrale supérieure simple.

Un arrêt de développement suffit pour expliquer la formation de l'épispadias. Dans ce cas, il s'agit d'une anomalie dans la situation du méat ou bien encore d'une petite fistule uréthro-cutanée supérieure, avec persistance de l'orifice normal. Cette malformation paraît très rare surtout relativement à un vice de conformation analogue, désigné sous le nom d'hypospadias. Baron estimait avoir vu deux fois l'épispadias contre trois cents hypospadias. Un officier de recrutement, cité par M. Marchal, n'avait pas observé d'exemple de cette anomalie sur un chiffre de 60 000 conscrits soumis à son examen. On peut assez bien trouver la cause de cette rareté dans les considérations qui vont suivre.

Les arrêts de développement suffisent pour rendre compte des fissures qu'on rencontre en haut vers la base du gland ou dans l'épaisseur de cet organe. Dans tous ces points, l'urèthre peut être en communication avec la face supérieure de la verge, sans que pour cela la conformation du pénis soit en aucune façon modifiée. Au contraire, dans toute la portion intermédiaire au gland et à la symphyse, la présence des corps caverneux s'oppose à l'établissement d'un orifice anormal de l'urèthre. On a bien invoqué l'écartement de ces corps caverneux ; mais c'est un fait qui n'est nullement démontré et qui n'a pour lui aucune observation positive.

Le peu d'importance qu'on attache, sans doute, à l'existence d'une fistule uréthrocutanée congénitale, avec ou sans persistance du méat normal, expliquerait pourquoi on ne trouve que la mention de cette fissure. Les traités d'anatomie enseignent que le méat urinaire peut s'ouvrir à la partie supérieure du gland et constituer une anomalie à laquelle on a donné le nom d'*épispadias*. Enfin, suivant M. Cruveilhier, le canal de l'urèthre peut être ouvert par sa partie supérieure, immédiatement au-devant de la symphyse pubienne, cette solution de continuité serait, dit-il, extrê-mement rare. J'ajoute qu'il ne faudrait pas prendre pour des épispadias tous les cas où l'on voit l'urèthre s'ouvrir très près du pubis ; car chez certains sujets, le pénis se trouvant frappé d'un arrêt de développement, et les corps caverneux n'existant que rudimentaires, il peut arriver que l'orifice uréthral, quoique placé sur le gland, se trouve néanmoins très rapproché de la symphyse pubienne.

On peut rapporter à cette catégorie de malformations, l'observation suivante qui est due à M. Gaultier de Claubry.

Dans ce cas, il est question d'un jeune homme âgé de vingt ans, qui ne présentait aucune trace du corps du pénis ; le gland était petit, fixé la base en bas à la partie inférieure de l'arcade du pubis ; sa face dorsale présentait, dans le tiers pos-térieur de son étendue, une gouttière à peine creusée qui se continuait en arrière sous le pubis avec l'urèthre. Il n'y avait pas d'incontinence, l'urine était lancée en forme de jet ; cependant dans son cours le liquide s'épanchait à droite et à gauche et tombait sur les vêtements. Pas d'érections. (*Journal de médecine et de chir.*, rédigé par Sédillot, t. XLI, 1814, p. 170 et 452.)

Les petites fistules congénitales de l'urèthre, situées à la partie supérieure, seraient, si toutefois elles existent, des bizarreries de peu d'importance et nous ne devons pas nous y arrêter ; cependant, avant d'aborder un autre chapitre, on nous permettra de dire toute notre pensée. Après y avoir bien réfléchi, je suis disposé à croire que l'épispadias sans inversion de l'urèthre est une anomalie qui n'existe pas. Le canal urinaire présente des fissures congénitales, mais c'est toujours dans la partie libre, c'est-à-dire sur la face qui ne correspond pas aux corps caverneux. Quand, par exception, l'urèthre est superposé aux corps nerveux, sa partie libre est alors supérieure au lieu d'être inférieure, et les fissures ne peuvent être que sur le dos de la verge. L'hypospadias devient un épispadias, et ainsi se trouverait justifiée l'opinion de Chopart, qui réunit sous une même dénomination des anomalies qui semblaient distinctes. Mais arrêtons-nous et laissons parler l'observation qui doit toujours être notre guide.

De la fissure uréthrale supérieure avec inversion de l'urèthre.

Il n'est plus question d'anomalie dans le méat urinaire ; la classe d'épispadias que nous allons étudier comprend des scissures plus ou moins étendues de la portion spongieuse de l'urèthre. Il faut, avons-nous dit, pour que la fente uréthrale soit sur la face supérieure, que l'urèthre présente une anomalie de connexion. Toute la question du développement de l'urèthre se présente ici avec ses difficultés.

Admettez un instant que l'urèthre se développe par deux moitiés latérales, sup-

posez que la réunion manque à la partie supérieure, puis ajoutez, troisième hypo-
thèse, que les corps caverneux soient à distance, vous aurez fait la théorie de l'épispadias le plus complet. Mais ces notions du développement de l'urèthre par deux
moitiés latérales, semblent devoir être abandonnées, elles ne sont plus conformes
aux observations les plus récentes et en particulier à celles de M. le professeur
Coste. Rappelons en deux mots le mode de formation de la partie extérieure du
canal de l'urèthre.

De chaque côté de la fente commune aux organes génito-urinaires et à l'appareil
défécateur, on voit s'élever deux éminences arrondies, origine des corps caverneux,
et au-dessous d'elles deux saillies plus petites qui constitueront le scrotum chez
l'homme, les grandes lèvres chez la femme. Bientôt les deux éminences supérieures
s'allongent, se réunissent par leur partie supérieure de manière à laisser une gouttière longitudinale qui fait suite à la fente du cloaque et qui est située au-dessous
du corps de la verge. Puis cette gouttière disparaît insensiblement : les deux bords
se réunissent et le canal se trouve constitué. Lorsque cette réunion est imparfaite,
il en résulte les différents degrés de l'hypospadias. Ce mode de développement peut
encore rendre compte de la scissure du gland à sa face supérieure; cet organe, de
formation tardive, est constitué par les réflexions en haut et en arrière des deux
faisceaux vasculaires qui constituent la portion spongieuse de l'urèthre; il suffit que
ces deux faisceaux restent écartés pour qu'on observe l'épispadias du gland. Quant
à l'épispadias plus étendu, il faut, pour s'en rendre compte, admettre plus qu'un
arrêt de développement.

En présence de cette difficulté, les auteurs ont accepté le développement de l'urèthre par deux moitiés latérales. La réunion s'effectuait en bas, mais en haut l'écartement des corps caverneux ne permettait pas la soudure de l'urèthre, et ainsi se
trouvait expliquée la fissure uréthrale supérieure. Nous l'avons déjà dit, cette manière de voir, fondée sur des vues théoriques, ne peut pas être admise, elle s'appuie
sur deux erreurs 1° l'écartement des corps caverneux; 2° le développement de
l'urèthre par deux moitiés latérales. Quelques savants qui semblent admettre que la
science s'est arrêtée là où ils se sont arrêtés eux-mêmes, ont trouvé dans l'épispadias une nouvelle raison de contester la loi de développement formulée pour le
canal de l'urèthre; ils n'ont d'ailleurs pas pris le soin de nous expliquer le mécanisme de l'anomalie. Il nous sera facile de démontrer que cette fois encore les données de l'embryogénie restent parfaitement intactes.

Admettons que, par suite de certains troubles dans le développement, la gouttière
caverneuse qui fait suite au sinus uro-génital, occupe la partie supérieure au lieu de
la partie inférieure ; en d'autres termes, que les deux éminences qui, par leur déve-

loppement, constitueront le corps du pénis, au lieu de se souder en haut, se réunissent par en bas, elles interposeront entre elles une gouttière qui, par exception, sera superposée aux corps caverneux. La gouttière caverneuse une fois située à la partie supérieure, si ses bords se réunissent, le canal de l'urèthre sera constitué, mais sur le dos de la verge; si, au contraire, la réunion manque, le sujet sera atteint d'un vice de conformation, en tout semblable à l'hypospadias, et qu'il faudra appeler l'épispadias. C'est là une théorie; pour la justifier, il suffira de démontrer que dans tous les cas de fissure supérieure, le canal de l'urèthre a subi une inversion, qu'il occupe en un mot la face supérieure du pénis.

Les deux autopsies que nous avons citées, l'examen de plusieurs malades (obs. II), nous ont démontré que, dans tous les cas d'épispadias, il y avait, non-seulement fissure de l'urèthre à sa paroi supérieure, mais de plus anomalie dans la situation de ce canal qui, au lieu d'occuper la face inférieure de la verge, était placé sur le dos des corps caverneux. Cette situation de l'urèthre semble presque constamment accompagnée de la division du canal; cependant il n'en est pas toujours ainsi. Ruysch paraît avoir observé la transposition du canal sans division de ses parois. Voici comment il s'exprime : « Meatus urinarius qui inter duo corpora nervosa parte » inferiore repit, in corpore bene constituto, hic contra situm habet in penis dorso, » per quem iter facit, id quod nunquam antea observavi (1). »

L'épispadias avec inversion de l'urèthre, est la variété de beaucoup la plus importante; au lieu d'une simple anomalie, il s'agit d'une malformation qui peut entraîner avec elle de véritables inconvénients et souvent une infirmité.

Nous avons démontré que dans les cas qui nous occupent actuellement, la fissure uréthrale coexiste avec une anomalie dans la situation de l'urèthre, qui est situé alors sur le dos du pénis au lieu d'être placé à sa face inférieure. On comprend facilement que la fissure puisse porter soit sur la totalité du canal, soit sur une partie seulement: de là une division de l'épispadias en complet et incomplet.

Fissure supérieure incomplète : elle comprend deux variétés, suivant que la division intéresse le gland seul ou bien le gland est une étendue variable de la portion spongieuse du canal.

A. *Épispadias glandaire ou balanique.*—Le fait suivant, publié par M. Marchal (de Calvi), est un bel exemple de la fissure uréthrale limitée au gland. Il est regrettable de ne pouvoir dire si, dans ce cas particulier, l'urèthre était, oui ou non, dans la

(1) Ruysch, *Thes.*, *Anat.* 31. assert. 2. n° 22, page 16.

situation normale. L'observation est muette, et l'on conçoit que la fissure glandulaire puisse exister indépendamment de la situation de l'urèthre par rapport aux corps caverneux. L'examen attentif de la figure nous porte à supposer que l'urèthre occupait toute la face supérieure de la verge ; en un mot, qu'il y avait inversion de ce canal et fissure de sa partie balanique. Cet épispadias coïncidait avec une brièveté notable de la verge par conséquent, avec un défaut de longueur dans les corps caverneux. Les auteurs ont déjà mentionné cette dernière particularité; elle est indiquée par M. Barth, par M. Cruveilhier, et avant eux par Salzmann.

L'épispadias balanique, si nous en jugeons par la seule observation que nous connaissions, constitue seulement une difformité. Les fonctions de l'organe étaient normales, et nous croyons que le sujet était bien propre au mariage. Quant à l'émission de l'urine, elle n'était en rien modifiée par la scissure du gland.

Il est évident que l'art n'a rien d'utile à proposer contre une simple altération de forme ; toute intervention ne saurait avoir que de mauvais résultats.

Une observation publiée par nous dans le *Moniteur des hôpitaux* (1853), se rapporte aussi à un épispadias balanique; mais il y avait complication d'écartement et d'arrêt de développement de la symphyse pubienne. Dans ce cas, outre la difformité et le développement incomplet du pénis, il y avait une infirmité sérieuse, l'incontinence d'urine. L'issue des urines a été considérée comme résultant d'un vice de conformation dans les organes internes, au voisinage du col de la vessie, dont le sphincter devait être imparfaitement constitué. On verra, en lisant l'observation, que l'incontinence d'urine a pu être palliée au moyen d'un petit compresseur appliqué sur le périnée, au-devant de l'anus.

Obs. I. — *Epispadias glandaire ou balanique observé par M. Marchal (de Calvi)* (1).

Homme robuste, âgé de vingt ans, présente l'état suivant (voy. pl. I, fig. 1) :

Dans l'état de flaccidité, le pénis est très court; dans l'état d'érection, il présente une longueur de 5 centimètres environ. La face supérieure ou dorsale du gland, qui est en même temps antérieure, est divisée dans la plus grande partie de sa longueur, et présente les particularités suivantes : au milieu existe une gouttière large et profonde, représentant la paroi inférieure de la portion balanique de l'urèthre, et se continuant en arrière avec la portion spongieuse de ce canal, qui, à partir de là, est complet. Sur les côtés de cette gouttière principale, on voit deux autres

(1) *Bulletin de l'Académie de médecine,* tome IX, 1843, page 61.

gouttières beaucoup plus petites que la première, dans laquelle elles s'abouchent en arrière. Entre la gouttière principale et les gouttières latérales, se trouvent deux éminences longitudinales simulant assez bien des petites lèvres. En dehors des gouttières latérales, le gland forme deux autres saillies donnant l'idée des grandes lèvres. Sur le prolongement de la gouttière principale, inférieurement, existe le filet dont l'insertion se fait ici beaucoup plus en avant que dans l'état normal.

Tel est l'aspect des parties lorsqu'on les tient écartées avec les doigts. Dans l'état de repos, les saillies sont effacées par le rapprochement des lèvres des gouttières, et l'on ne voit plus celles-ci que sous forme de trois lignes au fond d'une partie évidée du gland.

L'urine est lancée d'arrière en avant à trois ou quatre pieds de distance. On doit penser que le sperme est projeté dans la même direction. A la faveur des dimensions que la verge, qui est d'ailleurs de grosseur ordinaire, prend dans l'état d'érection, le coït s'exerce avec régularité. Ce sujet serait donc propre au mariage.

B. *Épispadias du gland et d'une portion du canal*, ou *épispadias spongo-balanique.* —M. Foucher nous a fourni une observation très précieuse, que nous avons déjà eu occasion de citer; elle doit être considérée comme un type. On voit, dans ce cas, la scissure porter sur le gland et sur les trois quarts antérieurs de l'urèthre. Ce canal occupe le dos de la verge, qui présente elle-même une brièveté notable. Cette fois, la difformité est plus considérable, mais les fonctions s'exécutent encore normalement, l'émission de l'urine se fait facilement, le jet du liquide suit la gouttière qui fait suite à l'urèthre; il est projeté à une distance suffisante. Au dire du malade, le coït est possible, et si le sperme ne pénètre pas dans le vagin, il faut s'en prendre surtout à l'introduction imparfaite d'un organe déjà un peu moins long qu'à l'état normal. Cependant, en tenant compte de cette cause possible de la stérilité, il y aurait avantage, au point de vue de la reproduction, à reconstituer le canal de l'urèthre. L'opération pratiquée par notre collègue était donc justifiée. Quant au procédé mis en usage, il nous paraît insuffisant pour obtenir un bon résultat. Mais, comme avant tout, il ne faut pas aggraver la difformité, nous ne voyons rien de mieux à proposer; nous pensons même qu'il est préférable de s'abstenir que de produire des désordres.

Chez le malade de M. Foucher, les urines étaient bien gardées, bien rendues, le coït possible. En voilà assez pour justifier la non-intervention de la chirurgie. L'observation démontre que l'opération a fourni un résultat complétement nul; nouvelle raison pour conseiller, en pareil cas, l'abstention pure et simple.

Les deux variétés de l'épispadias incomplet seront encore mieux comprises par l'examen des figures que nous avons placées à la fin de notre travail ; nous y renvoyons le lecteur. (Voy. pl. I.)

OBS. II. — HÔPITAL NECKER. — *Epispadias partiel, opérotion sans résultat.*

Grenny (Guillaume), vingt-six ans, entré à l'hôpital le 30 mai 1860, opéré le 25 juin, sorti le 15 juillet.

Ce malade, d'une bonne constitution, est venu réclamer une opération pour un vice de conformation des organes génitaux. La verge est courte (7 cent.), mais volumineuse. Le gland très développé est assez souple pour permettre d'apprécier l'extrémité antérieure des corps caverneux qui viennent s'engager dans son épaisseur. Cet organe est fendu sur sa face supérieure.

Les corps caverneux sont complétement réunis à la partie inférieure de la verge, ils ne laissent entre eux qu'une rainure très superficielle : on ne sent d'ailleurs dans ce point aucun vestige du canal de l'urèthre, comme cela s'observe sur un pénis normalement conformé. Le frein et le prépuce sont courts mais bien formés ; ils occupent leur situation habituelle.

Sur le dos de la verge, on observe le canal de l'urèthre ouvert dans toute sa longueur. Cependant, à la racine de la verge, et dans l'étendue d'un centimètre et demi, l'urèthre offre sa paroi supérieure intacte et se présente par conséquent avec tous les caractères d'un canal complet. Cette paroi supérieure est appliquée sur l'inférieure; elle est molle et semble constituée seulement par la peau doublée de la muqueuse. L'urèthre, dans la partie où il est divisé, a la forme d'une gouttière rougeâtre, rétrécie au niveau du méat, évasée vers la fosse naviculaire. Cette gouttière, longue de 5 centimètres est sur le dos de la verge ; sa muqueuse qui s'étale au-dessus des corps caverneux, se continue insensiblement sur les parties latérales avec la peau de la verge. Il y a donc manque de réunion sur la ligne médiane de la portion glandulaire et d'une partie de la portion spongieuse de l'urèthre. Au fond de la gouttière, on observe l'orifice de plusieurs lacunes uréthrales.

Le scrotum est normal, renferme les deux testicules bien conformés. Enfin, toute la région est couverte de poils abondants. La figure donne une très bonne idée du vice de conformation. (Voir pl. I, fig. 1.)

L'urine est conservée dans la vessie, son émission est volontaire. Lorsque le liquide est projeté, il suit toute la longueur de l'urèthre, y compris sa portion divisée.

Suivant le malade, l'érection et la copulation se feraient très bien ; seulement le sperme n'arriverait pas dans le vagin, ce qui doit tenir à une introduction imparfaite du pénis, qui déjà présente une notable brièveté.

Le 25 juin, M. Foucher pratique l'opération suivante, mais, avant de la décrire,

3

disons en deux mots quelles étaient les intentions de notre collègue. En présence d'une malformation qui n'avait d'autre inconvénient que de constituer une difformité, il a pensé qu'on pouvait essayer de reconstituer la paroi supérieure de l'urèthre dans l'étendue où elle manquait, mais à la condition d'employer un procédé qui, en cas d'insuccès, ne produisît pas un état des parties plus mauvais que celui qui existait avant l'opération.

L'opération comprend cinq temps principaux :

1° Dissection de deux lambeaux latéraux pris aux dépens des téguments de la verge. Pour cela, un peu en dehors de l'union de la peau avec la muqueuse, on pratique deux incisions longitudinales de 6 centimètres environ;

2° Les deux lèvres de chaque incision sont disséquées dans une étendue suffisante, et on obtient ainsi, de chaque côté, un lambeau muqueux et un lambeau cutané;

3° Suture sur la ligne médiane de deux lambeaux muqueux, renversés de dehors en dedans;

4° Les mêmes fils, qui ont réuni les lambeaux muqueux, sont engagés dans les bords des lambeaux cutanés, et ces derniers sont suturés sur la ligne médiane, en même temps qu'ils viennent doubler les lambeaux muqueux avec lesquels ils se correspondent par des surfaces saignantes;

5° Toute la suture faite avec des fils d'argent est fixée sur une plaque de plomb au moyen des tubes de Galli.

Pour éviter les tiraillements, M. Foucher pratique deux incisions latérales. Sonde à demeure, compresses froides.

26 juin. — La sonde cause de vives douleurs. Le malade se charge de l'introduire au moment de la miction; l'urine passe entre l'instrument et les parois du canal. Tuméfaction de la verge.

27. — Le gonflement et les douleurs augmentent. Les lambeaux sont baignés par l'urine.

28. — Les sutures ont manqué; on enlève les fils.

7 juillet. — La plaie est recouverte de bourgeons charnus et se cicatrise régulièrement.

15. — Les parties sont revenues à leur état primitif. Le malade n'a rien gagné, mais il n'a rien perdu; il quitte l'hôpital subitement.

A la variété de l'épispadias spongo-balanique incomplet, se rattache le fait de Blandin, dont nous trouvons le modèle en cire déposé au musée Dupuytren, sous le n° 259. Comme dans le cas de M. Foucher, la verge est normale vers la racine; mais, après un court trajet, l'urèthre qui était complet, dégénère en une gouttière qui occupe la face dorsale du pénis. On remarque un peu en arrière du gland divisé, une petite bride muqueuse jetée transversalement sur l'urèthre à la manière d'un pont. Le sujet avait vingt-six ans, et le pénis avait son volume normal. Il est regrettable que l'observation manquant, il ne soit pas possible de connaître quelles ont été les conséquences d'un pareil vice de conformation.

Le cas mentionné par M. Barth nous paraît devoir être rangé dans la catégorie des épispadias complets. De sorte que nous voilà arrivé insensiblement à la partie la plus importante de notre sujet. En effet, à l'épispadias complet, se rattachent deux questions capitales : 1° l'incontinence d'urine ; 2° l'intervention de la chirurgie comme moyen de remédier à une pareille infirmité.

Fissure supérieure complète. — A l'occasion de l'épispadias complet, il sera curieux de lire les détails suivants, qui sont empruntés à des auteurs anciens et qui ont probablement trait aux exemples les plus anciennement connus de la malformation dont nous faisons l'étude.

Viendront ensuite les observations de Breschet et de M. Barth, dont l'importance exige que nous les reproduisions en entier ; l'une renferme les détails de la première autopsie, l'autre peut être considérée comme un modèle de description.

« Salzmann fut consulté par les parents d'un jeune laboureur, âgé de vingt-deux ans, qu'on voulait marier. Ils désiraient savoir si leur fils était apte à la procréation. Le pénis de ce jeune homme était plus gros et plus court que celui des personnes bien conformées ; il était légèrement recourbé en haut. Les dimensions changeaient peu pendant l'orgasme vénérien, excepté le gland qui acquiérait un plus grand volume. Le pénis était fendu dans toute sa longueur sur sa face supérieure. La partie membraneuse de l'urèthre placée sous l'arcade du pubis était dans son intégrité, c'est-à-dire qu'elle formait un canal comme dans l'état ordinaire. Plus en avant, l'urèthre sortait d'entre les corps caverneux, et paraissait divisé comme par l'effet de l'art : antérieurement il devenait plus étroit, et au lieu d'être concave, il présentait une surface plane. L'urine ne sortait pas par un jet brusque, mais elle coulait dans cette sorte de gouttière, et très peu de ce liquide s'épanchait sur les parties latérales (1). »

Morgagni (2), dans sa soixante-septième lettre, à propos des empêchements de l'acte vénérien et au sujet de la stérilité, s'exprime ainsi : « Comme en parlant de ces maladies chez les mâles, j'ai examiné un vice de l'urèthre, qui avait la forme, non pas d'un canal, mais d'un demi-canal, et qui s'étendait sur la face inférieure du pénis, j'ai cité une observation de Salzmann, dans laquelle l'urèthre était ouvert

(1) Salzmann, *Act. des cur.*, 1737, t. IV, p. 251.
(2) Morgagni, *Du siége et des causes des maladies* trad. franç., t. X, p. 155.

en forme de demi-canal, mais sur la face opposée, c'est-à-dire sur toute l'étendue du dos du pénis. Ce siége de l'urèthre, quoique non ouvert, ayant été vu par Ruysch non pas deux fois, comme vous le reconnaîtrez, si vous examinez attentivement la chose, bien que Salzmann le dise, mais seulement une fois. Comme le même Ruysch avoue qu'il ne l'avait jamais observé auparavant, je ne doute pas que je ne vous fasse plaisir en vous communiquant un autre cas qu'examina avec soin l'an 1758, et que m'a raconté J. Gianella, fils de Ch. Gianella, autrefois professeur émérite de cette ville; il avait été lui-même anciennement mon auditeur, que je chérissais à raison de ses mœurs, de son caractère et de son zèle, et actuellement il exerce très honorablement la médecine à Legnano.

» Un homme du territoire de Legnano passait pour être hermaphrodite, et cependant, ayant été cité en justice par une femme qui se disait enceinte de lui, il ne s'était pas défendu, et il l'avait dotée.

» Comme il voulait ensuite la prendre pour sa femme, et que son frère et d'autres l'en détournaient comme n'étant pas propre au mariage, ce que confirmaient des médecins assez distingués de la ville, qui avaient examiné les parties génitales, il fut irrité de la douleur d'avoir éprouvé un refus, plaida contre son frère, et fut attaqué d'une maladie si grave par suite de ces chagrins, qu'il en mourut.

» *Examen du cadavre.* — La permission d'examiner, mais non de disséquer le cadavre, fut accordée et le scrotum, ainsi que les testicules, se montrèrent tout à fait dans l'état naturel pour le siége et pour la forme. Quant au pénis, qui du reste n'était pas petit, et qui paraissait n'avoir pas été flasque pendant la vie, voici ce qu'il présentait : quand on le tournait en haut vers l'abdomen, on voyait que le gland, qui était de grandeur et de forme naturelles, était entièrement imperforé, et enfin que l'urèthre avait une brièveté, un siége et une disposition insolites; car il ne s'étendait pas jusqu'au gland, et il se portait, non pas à travers la face inférieure du pénis, mais à travers son dos; et il formait, non point un canal parfait, mais un demi-canal; de sorte que les orifices de mes petits conduits qui ne pouvaient pas exister sur la paroi supérieure, comme à l'ordinaire, se présentaient aussitôt à la vue sur celle qui ne manquait pas, parce qu'ils étaient plus larges qu'ils ne le sont sur les autres sujets; et à leur examen, on s'étonnera moins de ce qu'on disait que cet homme avait été infecté autrefois d'une gonorrhée virulente. Mais le commencement du demi-canal, qui était plus large dans le reste, était surmonté par ce qui avait pu paraître autrefois une vulve à la mère du sujet et à d'autres femmes. Toutefois cette vulve n'avait aucun trou, si ce n'est celui qui conduisait l'urine dans le commencement du demi-canal, par où il était d'ailleurs assez constant qu'elle avait coutume de se répandre quand le sujet pissait, et qu'ainsi elle le salissait par quelques-unes de ses parties. Mais on ne voyait pas également ce qui arrivait au sperme éjaculé, qui devait passer par le demi-canal par ce même trou. On pouvait bien faire entrer un stylet dans le trou, l'introduire dans une cavité, et conjecturer que cette cavité appartenait à la vessie, mais il ne fut point permis, comme il a été dit, d'examiner par la dissection ce que l'on conjecturait, ni les autres objets. »

Obs. III. — *Epispadias complet par Breschet* (1).

Un petit garçon, âgé de douze ans, habitant Chantilly, offrait un vice de conformation de l'urèthre. Il pouvait retenir son urine et la rendre volontairement. Alors il s'accroupissait à la manière des femmes, et le fluide sortait en formant un jet qui décrivait une parabole, à peu près comme l'eau sort des évents de quelques amphibies. Le pénis était légèrement conoïde ; la base du cône correspondait au gland. Il avait environ 10 à 12 lignes d'étendue ; le gland, arrondi, était imperforé ; sa face supérieure dépourvue de prépuce, se voyait à nu : l'inférieure, moins étendue était recouverte par le prépuce. Le frein existait à sa place. Le scrotum était normal, renfermait un des testicules, celui du côté gauche était resté à l'anneau. Ces deux glandes avaient un très petit volume.

Les canaux déférents parcouraient leur trajet ordinaire et aboutissaient dans l'angle des vésicules séminales. La prostate ne paraissait pas exister. Deux corps caverneux isolés dans toute l'étendue du pénis, étaient séparés l'un de l'autre par un corps, qu'on aurait pu prendre pour l'urèthre ; il offrait un renflement à son origine et ressemblait, par là, au bulbe du canal que nous venons de nommer. Ce corps n'avait aucune cavité dans son épaisseur ; du reste, sa structure était semblable à celle des tissus spongieux ou caverneux. Il paraissait manifestement se continuer avec la substance du gland ; seulement l'état spongieux devenait moins prononcé dans ce dernier organe.

J'incisai la peau sur le pubis ; je divisai la symphyse, et j'arrivai ainsi jusqu'à l'urèthre. Je reconnus alors que sous l'arcade du pubis ce canal était complet, et formé par un prolongement de la vessie ; plus en avant, il était dépourvu de la paroi supérieure ; et seulement constitué par une gouttière creusée dans l'étendue de 3 ou 4 lignes sur la face supérieure du pénis. La membrane muqueuse se réfléchissait sur les parois latérales, pour se continuer avec les brides, rudiments du prépuce. Dans ce canal très court, on voyait plusieurs objets. Au milieu se trouvait une éminence dirigée d'arrière en avant, plus saillante à son extrémité postérieure, qui correspondait à la vessie, qu'antérieurement. Cette saillie avait tous les caractères

(1) *Loc. cit.*

de la crête uréthrale. De chaque côté l'orifice des conduits éjaculateurs et deux petits replis à bord libre étaient dirigés en haut. La vessie n'offrait rien de particulier.

OBS. IV. — *Epispadias complet, observation communiquée par M. Barth à l'Académie de médecine* (1).

Louis-Xavier C..., âgé de dix-huit ans, imprimeur en taille-douce, d'une stature moyenne, d'une bonne constitution et assez bien musclé, entra à l'hôpital de la Charité, le 17 janvier 1833 et présentait la difformité suivante des organes génito-urinaires :

Conformation générale de la verge. — La verge dans l'état de flaccidité, n'a pas plus de 12 à 15 lignes de longueur, sur un diamètre moyen d'environ un pouce. Le gland est habituellement découvert, et la peau qui recouvre le pénis, présente à sa base des plis nombreux qui fournissent matière à un ample allongement, de sorte qu'en attirant la verge, on peut lui donner plus de deux pouces de saillie. Dans l'état d'érection, elle acquiert également la longueur de l'index.

Sa face inférieure ou postérieure présente une conformation normale, si ce n'est qu'on n'y remarque pas la saillie médiane formée par l'urèthre le long du raphé. Mais à sa face supérieure, au lieu d'être cylindroïde, la verge est divisée longitu-dinalement, sur la ligne médiane, par un sillon formé par l'urèthre, qui, au lieu de constituer un canal, est ouvert dans toute sa longueur sur sa partie antérieure, de manière à former une véritable gouttière.

Cette gouttière longe ainsi toute la face supérieure de la verge et s'étend depuis l'extrémité du gland jusqu'à la symphyse pubienne. Elle offre, sous le rapport de son diamètre ou de sa largeur, les dimensions ordinaires des différentes portions de l'urèthre : rétrécie tout à fait en avant, où l'on remarque un petit enfoncement plus profond, correspondant à la fosse naviculaire, elle se dilate dans l'intérieur du gland, et se continue, en diminuant graduellement de largeur, aussi loin qu'on peut l'apercevoir.

Les bords de cette gouttière forment de chaque côté une saillie longitudinale qui, en arrière du gland, se confond avec la peau des parties latérales de la verge. Au niveau du gland ces bords sont plus saillants; ils forment une crête d'environ une ligne de relief et sont séparés du gland, qui s'épanouit sur les côtés, par un sillon d'une ligne de profondeur.

En arrière, cette gouttière se prolonge aussi loin que l'œil peut la suivre, même en attirant la verge, et s'engage sous la symphyse du pubis.

(1) *Bulletin de l'Académie de médecine*, t. IX, p. 81.

En ce point, on remarque la disposition suivante :

Les téguments de la partie inférieure et médiane de l'abdomen, au lieu de se continuer sans interruption sur la face antérieure de la verge, forment immédiatement au-devant de la symphyse pubienne une espèce de valvule en forme de croissant dont le bord concave et tranchant est dirigé en bas et en avant, et embrasse par son milieu la gouttière uréthrale, tandis que ses extrémités vont se confondre avec la peau qui revêt les parties latérales de la racine de la verge et les parties supérieures du scrotum. En tirant légèrement de bas en haut les téguments de la région hypogastrique, on efface ce repli valvulaire, et l'on donne lieu à une espèce d'entonnoir dont les parois sont formées supérieurement et sur les côtés, par une surface qui présente des caractères intermédiaires entre ceux des tissus muqueux et cutanés; inférieurement le pourtour de cet infundibulum est complété par la portion la plus reculée de la gouttière uréthrale, et il en résulte une espèce de cône creux dont la partie la plus rétrécie forme un canal qui va se perdre sous la symphyse pubienne.

Il suit de cette disposition que l'urèthre, au lieu d'être placé dans le sillon inférieur qui résulte de la jonction des deux corps caverneux dans l'état normal, se trouve placé ici dans l'écartement supérieur de ces deux corps, qu'il est divisé ainsi que la peau et le gland sur toute la longueur de la face antérieure du pénis, et qu'il se continue en arrière avec l'espèce d'entonnoir décrit, lequel conduit lui-même dans la cavité de la vessie.

Les corps caverneux sont d'ailleurs peu intimement unis l'un à l'autre et presque seulement attachés sur les parties latérales de la gouttière uréthrale, de sorte que l'épaisseur des tissus compris entre la muqueuse de ce demi-canal, et la face inférieure de la verge ne semble formée que par la peau et la paroi de ce canal, séparées par du tissu cellulaire.

Examen de chacune des parties qui constituent les organes génito-urinaires externes. — Le gland est très bien conformé à sa face postérieure; le frein occupe sa place habituelle et a sa disposition ordinaire; mais le raphé qui, de l'extrémité antérieure de celui-ci, va aboutir au méat urinaire dans l'état normal, fait ici un trajet plus long pour venir se terminer à l'extrémité antérieure de la gouttière uréthrale.

A sa face supérieure, le gland est divisé ou plutôt creusé par ce demi-canal. Du reste, il n'offre rien de particulier dans sa couleur et dans sa consistance. Les corps caverneux sont égaux en diamètre et en longueur. La peau de la verge, à part sa division indiquée, n'offre rien de particulier dans sa structure.

L'urèthre, dont nous avons décrit plus haut la position, la forme et les dimensions offre à sa face concave sa couleur rouge ordinaire : la muqueuse a ses caractères habituels, et présente l'orifice de quelques cryptes ; sa sensibilité est peu prononcée dans sa partie découverte. L'urèthre paraît avoir en arrière sa direction ordinaire : une sonde introduite suit la courbure habituelle; le contact de l'instrument est douloureux quand il arrive sous la symphyse du pubis ; cependant il pénètre assez facilement dans une vessie peu spacieuse.

Le pubis est bien garni d'un poil châtain foncé. Le scrotum est normal.

Les deux testicules occupent leur place ordinaire; ils sont peu volumineux, et le droit est un peu plus petit que le gauche.

Physiologie des organes génito-urinaires. — *Excrétion des urines.* — Cet homme peut garder ses urines, et il les rend trois ou quatre fois dans la journée comme un homme bien conformé, et chaque fois en quantité moyenne; mais il n'en peut chasser le jet à plus de deux pieds de distance. Il affirme à plusieurs reprises qu'il ne s'en écoule jamais involontairement.

Fonctions génératrices. — La puberté s'est annoncée par l'apparition des poils au pubis, à l'âge de quatorze ans. Vers la dix-septième année, les désirs vénériens se sont fait sentir; cependant il n'a pas encore eu de rapports sexuels.

Dans les érections qui sont rares, la verge se redresse contre l'abdomen ; elle augmente en diamètre comme en longueur. Elle prend une bonne fermeté. La première éjaculation a eu lieu à seize ans, provoquée par des titillations à la base du gland. Le sperme reste dans l'infundibulum indiqué plus haut. Cet homme n'éprouve aucune incommodité de cette conformation vicieuse.

J'ajoute, pour compléter les renseignements bibliographiques, que le lecteur trouvera dans la *Gazette hebdomadaire* (1), la relation des deux observations qui appartiennent à M. Nélaton. Je crois inutile de reproduire ces faits, j'ai vu les malades, et, chemin faisant, je rappellerai les choses importantes.

La lecture des observations fait naître la conviction qu'il y a une grande analogie, sinon une identité parfaite entre tous les malades. La pièce de Breschet est absolument semblable à celle que nous avons disséquée; nos dessins paraissent copiés sur celui de Bourgery (2). Je crois donc bon de donner une description générale du vice de conformation; elle est faite sur nature, c'est l'expression d'une observation répétée plusieurs fois. Les planches qui sont placées à la fin de notre travail seront très utiles pour se rendre compte de la conformation des parties. (Voy. pl. II et III.)

(1) *Loc. cit.*

(2) On trouve dans le volume de la *Médecine opératoire* deux figures qui reproduisent la conformation des organes d'un enfant dont l'observation appartient à M. Larrey.

L'étude que nous allons faire comprendra : 1° la conformation du sujet, 2° les troubles fonctionnels qui résultent du développement imparfait des organes.

Conformation.

Les enfants, quel que soit leur âge, sont d'une manière générale peu développés ; Ursin qui avait dix ans, n'en paraissait guère que six ou sept. A l'exception d'Albert (obs. VII), dont l'intelligence était même précoce, les trois autres étaient assez mal partagés, Ursin était presque idiot. Chose assez singulière, ces enfants n'avaient pas une naissance régulière : deux étaient des enfants trouvés, un autre le fruit d'amours illégitimes.

Ce qui frappe les personnes étrangères à l'art, lorsqu'il s'agit d'un épispadias complet, c'est l'incontinence continuelle de l'urine. Ces petits malheureux souillent tous leurs vêtements et ils répandent autour d'eux une odeur urineuse très désagréable. Inutile de dire que les téguments voisins du vice de conformation sont le siége d'une rougeur et d'une humidité constantes, résultat de l'issue continuelle de l'urine.

Si l'on passe à l'examen des organes, voici quelles sont les particularités qui peuvent être constatées : le scrotum est bien conformé ; dans tous les cas il renfermait un ou deux testicules. Chez Ursin, le gauche était resté dans le canal inguinal. Au-dessus du scrotum on trouve les rudiments du pénis, très court et rétracté en haut et en arrière à la façon d'un ombilic. Ce retrait a pour résultat de présenter la face inférieure de la verge directement en avant et même un peu en haut. Il y a, de plus, une certaine torsion de l'organe, le gland n'occupe pas la ligne médiane : chez Ursin et Albert il regardait à droite, chez Émile à gauche. Dans l'observation de M. Nélaton, il n'en est pas question ; c'est à droite dans la figure donnée par Bourgery. (Voir pl. II.)

Si on attire la verge en avant et en bas, au moyen du prépuce qui est très développé, on constate aussitôt l'écoulement de l'urine. Il semble que le retrait du pénis soit un moyen employé par la nature pour remédier à l'incontinence. Il est certain qu'en écartant la verge, l'urine qui suintait autour des organes, coule alors directement. On voit sourdre ce liquide d'un espèce d'infundibulum dont le sommet correspondrait à la vessie. Au niveau de l'arcade pubienne, le canal est complet ; mais aussitôt il se réduit à deux gouttières, l'une qui occupe la partie inférieure de l'abdomen, l'autre la face dorsale de la verge. Examinons plus à fond ces différentes parties.

A. *Verge*. — Elle est rudimentaire, présente environ 3 centimètres de longueur, quand elle est tirée modérément ; elle se termine par un renflement qui rappelle le

4

gland ; mais ce dernier serait fendu en haut, sur la ligne médiane. Au-dessous, se trouvent normalement placés et conformés, le prépuce et le frein de la verge. Le pénis semble au toucher constitué par les corps caverneux qui forment le corps de l'organe ; la peau les recouvre dans les deux tiers de la circonférence inférieure et latérale. Sur la face supérieure, la peau se continue avec une muqueuse. Enfin, au lieu d'être convexe, le dos de la verge est creusé en gouttière ; cette gouttière est limitée latéralement par deux reliefs qui correspondent à l'union de la peau et de la muqueuse ; elle commence au gland et finit dans la profondeur derrière le pubis.

La largeur de cette rigole varie entre 1 centimètre, 1 centimètre un quart et 1 centimètre et demi. Au niveau du gland on trouve les vestiges de la fosse naviculaire, sorte de dépression fusiforme, dont le fond a une couleur d'un rouge plus foncé que le reste du canal. Sur les parties latérales de cette fosse naviculaire, on observe deux sillons longitudinaux, un à droite l'autre à gauche, limités par deux replis de la muqueuse. Ces sillons sont constants, mais plus ou moins développés. (Voy. pl. III, fig. 1.)

En allant vers la vessie, la muqueuse présente des colorations plus ou moins rouges, quelques lacunes de Morgagni, mais rien de particulier à noter. L'urèthre, réduit à un demi-canal ouvert en haut, occupe évidemment la face supérieure du pénis et s'engage sous l'arcade pubienne pour gagner le réservoir de l'urine. Morgagni a donné une bonne description de la gouttière uréthrale ; il insiste surtout sur l'existence des lacunes qui portent son nom. « De sorte que les orifices de mes petits conduits qui ne pouvaient plus exister sur la paroi supérieure, comme à l'ordinaire, se présentaient aussitôt à la vue sur celle qui ne manquait pas, etc. (1). »

B. *Paroi abdominale.* — Celle-ci est normale, mais au niveau de la partie pubienne, elle présente des particularités importantes : sur la ligne médiane, une gouttière qui regarde en avant, qui, en haut, se continue insensiblement avec la paroi, qui en bas s'enfonce sous le pubis et va gagner la profondeur. Cette gouttière, dont la peau a pris presque tous les caractères d'une muqueuse, est bornée latéralement par deux petites saillies, deux petits reliefs longitudinaux de 3 à 4 centimètres de hauteur. Ces derniers, recouverts par la peau, se continuent insensiblement par en bas, avec les parties latérales du tégument de la verge. C'est par cette réunion des deux gouttières uréthrales et abdominales que se trouve constitué l'entonnoir sous-pubien, qui correspond à la partie profonde de l'urèthre. Pour le dire

(1) *Loc. cit.*

en passant, quoi de plus simple et de plus ingénieux que l'idée de réunir ces deux gouttières pour reconstituer le canal de l'urèthre !!!

Si l'on introduit une petite sonde, c'est toujours avec une certaine difficulté qu'on pénètre dans la vessie ; il faut, pour y parvenir, appuyer surtout sur la face uré-trhale, c'est-à-dire sur le dos de la verge. On trouve souvent vers le réservoir urinaire un repli qui empêche la sonde de pénétrer ; cette sonde permet d'apprécier les dimensions de la vessie, sa capacité, ses rapports ; dans tous les cas, nous avons pu constater que la vessie des enfants contenait toujours une certaine quantité d'urine, un demi-verre, un verre. Ursin avait une petite vessie, et cependant elle conservait encore une légère proportion de liquide.

L'orifice de sortie des urines présente une disposition qui est très remarquable et qui est toujours identique : c'est un orifice à peu près circulaire, limité, en bas, par la gouttière uréthrale qui disparaît sous les pubis, en haut, par un repli des téguments à convexité supérieure. On voit là un véritable bord en forme de croissant : la peau se réfléchit en dedans, et nous avons pu constater qu'elle se continuait avec la partie supérieure de la muqueuse uréthrale, dans la portion membraneuse du canal ; sur les parties latérales l'orifice est limité par la peau de l'abdomen qui se continue avec celle de la verge. La disposition du croissant de la partie supérieure de l'orifice a été bien indiquée par M. Barth (1) ; elle est mentionnée par Morgagni ; on la voit reproduite dans la planche de Salzmann et dans celle de Bourgery. Chez le malade de M. Larrey il existait en arrière de la fosse naviculaire une petite bride transversale, sorte de pont jeté sur l'urèthre ; cette disposition se retrouve également sur la pièce du musée Dupuytren qui reproduit la conformation des organes du malade observé par Blandin.

De l'incontinence d'urine chez les sujets atteints d'épispadias.

Quand le vice de conformation est dans toute sa simplicité, quand on n'observe aucune complication, l'incontinence d'urine ne s'observe que dans les cas où l'épispadias est complet. Dans le fait de M. Marchal et dans celui de M. Foucher, les sujets présentaient seulement des épispadias incomplets : chez tous les deux les urines étaient gardées et rendues normalement. Toutefois, il ne faudrait pas croire qu'un épispadias complet et sans complications fût nécessairement accompagné de la perte involontaire et continuelle des urines. Le malade de M. Barth portait un épispadias complet, et cependant l'observation est très explicite sur ce sujet, les urines étaient bien

(1) *Loc. cit.*

conservées ; j'en dirai autant de l'individu observé par Salzmann. L'auteur dit que le liquide, rendu volontairement, suivait la gouttière uréthrale, mais que certaines parties débordaient ce chemin et allaient ainsi souiller les vêtements du sujet; l'écoulement se faisait lentement, il n'y avait pas formation d'un jet. Le malade de Chopart rentre dans la même catégorie. Enfin, Breschet s'exprime ainsi : « Le petit garçon pouvait retenir son urine et la rendre volontairement : alors il s'accroupissait à la manière des femmes, et le fluide sortait en formant un jet qui décrivait une parabole, à peu près comme l'eau sort des évents de quelques amphibies. »

En opposition à ces trois faits, nous citerons nos trois malades, les deux de M. Nélaton, qui tous étaient atteints d'une incontinence absolue d'urine. On le voit, la question est loin d'être simple : les uns portent un vice de conformation qui troublera les fonctions génératrices ; les autres sont en plus affligés d'une infirmité dégoûtante qui domine la symptomatologie et qui réclame impérieusement l'intervention de l'art.

Pourquoi ces différences entre des individus conformés de la même manière? Tel est le problème dont nous allons tenter de donner la solution. Dans cette étude, nous avons pris pour guide la physiologie et l'observation clinique.

Chez un sujet bien conformé, le séjour de l'urine dans la vessie est assuré par l'existence de deux appareils qui concourent au même but, mais dans des conditions différentes : il y a le sphincter du col de la vessie, qui, par sa contraction tonique, s'oppose à l'issue continuelle du liquide qui arrive incessamment dans le réservoir urinaire; il y a enfin la portion musculeuse de l'urèthre, qui fait obstacle à la sortie de l'urine alors que la volonté intervient pour résister à la vessie qui tend à se débarrasser de son contenu. On trouve là, comme à l'extrémité de l'intestin, deux agents dont l'un s'oppose à l'incontinence, dont l'autre résiste au besoin d'expulsion. L'appareil musculaire du col de la vessie permet à l'urine de s'accumuler, mais il est insuffisant dans les cas de réplétion de la vessie ; il faut, pour conserver les urines, un autre agent dont le rôle est actif, volontaire, et dont l'intervention n'est utile que dans les circonstances où l'homme veut résister au besoin de rendre ses urines. Ce nouvel agent, ce sphincter externe, c'est la portion musculeuse de l'urèthre.

Chez les sujets atteints d'épispadias, l'anatomie pathologique nous a appris que la vessie, que le col de cet organe, étaient normalement conformés ; nous avons vu de plus que la partie profonde de l'urèthre existait à l'état de canal complet ; mais cette partie profonde, quoique pourvue de fibres musculaires, nous a paru mériter plutôt le titre de membraneuse. Le canal nous a semblé plus large que d'habitude et moins bien disposé pour se contracter énergiquement. Il nous serait difficile de dire exactement ce qu'il manquait à cette portion de l'urèthre ; chacun sait que la structure normale de la partie profonde du canal est chose fort difficile : on sait les fonctions, mais la disposition des fibres n'est pas encore parfaitement connue. Pour résumer notre idée, nous dirons que les épispades ont les organes normalement constitués, mais que la partie musculeuse de l'urèthre paraît quelque peu imparfaite. Nous croyons que ces individus peuvent garder leurs urines, mais que la résistance au besoin d'uriner leur est très difficile sinon impossible. Il était désirable de vérifier cette proposition par l'examen clinique ; les détails qui vont suivre sont de nature à confirmer notre manière de voir.

Chez nos trois petits malades, il y avait perte involontaire des urines ; nous avons étudié avec grand soin quelle était la nature de cette incontinence. Enfin la guérison d'Albert (obs. VII) a été de nature à nous faire réfléchir sur le mécanisme de cette cure presque inattendue.

Chez les épispades, la vessie présente une capacité normale, mais plutôt plus considérable qu'à l'état ordinaire. On peut conclure de cette première remarque que les urines ont un réservoir suffisant, et que, si elles sortent continuellement, c'est faute d'être retenues. Quand les enfants sont couchés, l'incontinence n'est pas continuelle, surtout si on les menace d'une punition ; cependant ils finissent par être mouillés si on prolonge leur séjour au lit ; ceci prouve que la position horizontale favorise la réplétion de la vessie.

Une circonstance importante, toujours constatée chez nos trois malades, est la suivante : lorsqu'on éloignait la verge de la partie abdominale, l'urine sortait abondamment au lieu de suinter ; enfin, chose capitale, toutes les fois qu'une sonde était introduite dans la vessie il s'écoulait une notable proportion de liquide ; en un mot, jamais la vessie n'était vide. Une autre preuve de la présence de l'urine dans la vessie se trouve dans l'émission d'une notable quantité de liquide au moment où les enfants étaient soumis à l'influence du chloroforme ; il semblait que le sphincter cessait d'agir, ou bien que, vaincu par des contractions trop puissantes, il laissait passer le contenu de la vessie.

L'observation de nos trois malades nous a laissé la conviction que l'urine s'accumulait dans la vessie jusqu'à une certaine limite, et qu'alors le trop-plein s'écoulait lentement à mesure de sa formation : les enfants ne pissaient jamais, leur vessie ne se vidait par conséquent jamais, et l'incontinence était surtout le résultat du regorgement ; il suffisait de sonder un malade pour l'empêcher d'être mouillé pendant la demi-heure suivante : l'écartement du pénis donnant issue au trop-plein, le suintement cessait pour quelques instants. Le besoin d'uriner ne se faisant jamais sentir, l'éducation n'étant pas faite, les enfants ne se présentent jamais pour uriner, et par conséquent laissent distendre leur vessie, qui devient paresseuse ; j'ajouterai qu'il nous a semblé que certaines dispositions anatomiques venaient en quelque sorte mettre obstacle à la sortie régulière de l'urine. En première ligne, je mentionnerai la rétraction du pénis au-devant de l'orifice sous-pubien. Nous avons déjà dit qu'il suffisait d'éloigner la verge de sa position pour faire sortir un jet d'urine et faire cesser le suintement pendant quelques minutes ; le cathétérisme nous a révélé chez deux de nos malades la présence d'obstacles dont la nature n'a pu être précisée.

Je trouve la confirmation de ce que je viens d'avancer dans l'étude attentive du malade de l'observation VII. Après l'opération, l'enfant a commencé à éprouver le besoin d'uriner ; l'émission de l'urine se faisait par jet, et à chaque fois il y avait un demi-verre de liquide rendu. Dans l'intervalle l'enfant ne perdait plus ses urines, mais la moindre émotion, l'arrivée du chirurgien, avaient pour résultat l'issue de quelques gouttes de liquide ; enfin, si l'enfant négligeait de rendre ses urines par nécessité ou par paresse, immédiatement apparaissait l'incontinence goutte par goutte. On ne peut expliquer les résultats du traitement qu'en admettant que le séjour de la sonde à demeure a rendu à la vessie ses dimensions normales et sa contractilité ; il en est résulté pour l'enfant la sensation du besoin d'uriner, la possibilité de rendre ses urines volontairement et par un jet vigoureux ; on ne peut admettre qu'un simple lambeau de peau surajouté à la verge soit suffisant pour remplacer un sphincter qui n'existerait pas. Non, la vessie se vide, et l'incontinence par regorgement ne peut plus exister : voilà le mécanisme de cette guérison. Cependant il reste évident que les moyens de contention sont peu énergiques : l'enfant peut à peine résister au besoin d'uriner, la moindre émotion lui fait perdre un peu de liquide, tout cela parce que le sphincter externe fonctionne mal. Albert restera avec la nécessité de rendre fréquemment son urine, mais lorsqu'il aura compris la nécessité de se soustraire à son infirmité, lorsque son éducation vésicale sera faite, il pourra être considéré comme guéri. Je le dis encore, l'opération a eu pour but de régulariser les fonctions de la vessie, et de mettre l'urèthre dans des conditions plus favorables à l'émission complète et naturelle de l'urine.

On a vu, par ce qui précède, que j'attache beaucoup d'importance à la rétraction de la verge ; c'est, en effet, un obstacle à l'émission de l'urine, et par conséquent au fonctionnement normal de la vessie. En faveur de cette opinion, je ferai remarquer que chez les trois sujets porteurs d'épispadias complet, et qui avaient la faculté de garder, de rendre leurs urines, la rétraction de la verge sur l'orifice urinaire manquait complétement. (Voy. obs. de Salzmann, de Breschet et de M. Barth.)

Pour terminer ce qui a trait à l'incontinence d'urine, j'ajouterai que chez les malades qui présentent la complication de l'écartement des pubis, il y a alors un vice de conformation dans les sphincters vésicaux, et que par conséquent l'incontinence est la suite inévitable de la malformation. Dans ces cas, l'opération ne remédie pas à l'incontinence, mais elle dispose les parties pour recevoir plus favorablement un appareil : notre malade de l'observation VI n'aurait pu être guéri radicalement, et il en a été de même du malade opéré par M. Nélaton : l'enfant conservait une incontinence d'urine lorsqu'il a quitté l'hôpital ; enfin, le sujet de l'observation VIII a présenté un certain écartement du pubis, ce qui explique pourquoi la cure laisse un peu à désirer.

Des fonctions génitales chez les sujets atteints d'épispadias.

L'examen des sujets porteurs d'un épispadias a toujours provoqué deux questions de la part des personnes présentes : 1° les individus conservent-ils leurs urines; 2° les épispades sont-ils aptes aux fonctions génitales?

La première de ces questions a été complétement résolue ; il nous reste à dire quelque chose de la seconde. Les observations d'épispadias incomplet que nous avons rapportées, démontrent que la malformation n'a que très peu d'influence sur les fonctions sexuelles; le point important est de savoir si les individus atteints d'épispadias complet sont aptes à la génération. La solution du problème doit être tirée : 1° de l'examen anatomique; 2° des renseignements fournis par les malades.

Pour ce qui est de la conformation générale des organes, il est évident que la verge est dans d'assez mauvaises conditions pour accomplir un rapprochement sexuel. Nous avons fait remarquer que chez les épispades le pénis était notablement plus court, les corps caverneux sont moins volumineux et offrent surtout une diminution dans la longueur.

Pour ce qui a trait au volume de la verge, il y a cependant des exceptions : ainsi le malade de Salzmann avait certainement un pénis plus volumineux qu'à l'état normal; la planche annexée à l'observation le représente monstrueux.

La pièce en cire du musée Dupuytren donne au pénis ses dimensions normales. J'ajouterai que la planche donnée par Salzmann nous montre le pubis garni de poils nombreux. Il en était de même pour le sujet de Morgagni, pour celui de M. Barth, et pour le Suédois opéré par M. Nélaton. Chez tous ces individus le scrotum était normal et renfermait des testicules, en un mot, la fissure uréthrale coïncidait avec tous les signes de la virilité.

Salzmann déclare que son malade avait des érections pendant lesquelles le gland augmentait surtout de volume. Morgagni dit que l'inspection des parties démontre qu'elles n'avaient pas été insensibles. Le malade de M. Barth avait des érections et la masturbation avait déterminé des éjaculations. Enfin nous avons constaté que l'érection se produisait chez tous les petits malades. Quant à la possibilité de pratiquer le coït, nous sommes peu en mesure de nous prononcer. On se rappelle que l'individu dont Morgagni a rapporté l'histoire, prétendait avoir été l'auteur de la grossesse d'une femme qu'il fréquentait, et dont il avait désiré devenir le mari. Il est bon de rappeler ici que les êtres les moins propres aux rapprochements sexuels se font toujours remarquer par leur forfanterie qui ne se justifie jamais.

Le malade de M. Barth n'avait jamais eu de rapprochements sexuels.

D'une manière générale, on doit supposer que ces individus sont mal conformés pour l'acte du coït et que, par conséquent, ils peuvent être considérés comme étant peu propres à la reproduction.

Quand les petits malades que nous avons opérés auront atteint l'âge de puberté, il serait intéressant de les étudier au point de vue des fonctions génératrices, et de constater, sous ce rapport, les résultats de l'opération qu'ils ont supportée. Ce que l'on peut prévoir, et cela d'après l'observation, c'est que ces êtres si mal partagés semblent n'être pas à l'abri des désirs, ce qui augmente encore la gravité d'une pareille malformation.

Nous ne voulons pas insister davantage, nous allons passer à l'étude de l'épispadias compliqué.

Complications de l'épispadias.

Lorsque la division de la lèvre supérieure est accompagnée de la scissure de la voûte palatine et du voile du palais, on est dans l'habitude de considérer l'ensemble de ces malformations comme un seul tout, auquel on donne le nom de bec-de-lièvre compliqué. Rien n'est absolument plus inexact; le bec-de-lièvre consiste seulement dans les divisions des parties molles de la lèvre supérieure. On ne peut ranger au nombre des complications que les différents états de ces mêmes parties molles, dont l'existence augmenterait les inconvénients de la malformation, ou pourrait nuire à la cure définitive. Les adhérences, l'amincissement des tissus, etc., sont pour nous des complications du bec-de-lièvre.

C'est dans la même direction d'idées que nous ne considérons pas l'exstrophie de vessie comme une complication de l'épispadias. Quand il y a exstrophie, il n'est plus question d'épispadias; l'absence de la paroi antérieure de la vessie domine toute la malformation.

Au nombre des complications de l'épispadias, nous rangeons l'exiguïté de la verge, le peu de développement des différentes parties qui composent cet organe. L'état rudimentaire du pénis est loin d'être constant, mais il est presque la règle. Tous les malades que nous avons pu observer présentaient cette complication. Souvent c'est le défaut de longueur qui est le plus remarquable. Le malade de M. Marchal, celui de M. Foucher, avaient la verge courte et grosse.

En opposition avec l'exiguïté de la verge, nous avons déjà mentionné l'observation de Salzmann, dans laquelle le pénis était beaucoup plus volumineux qu'à l'état normal.

Ces deux complications ne doivent pas nous arrêter, elles n'ont aucune conséquence; la contention des urines qui domine toute la situation pathologique, n'a pas de rapports avec les dimensions de la verge.

Une complication des plus importantes, c'est l'écartement des pubis, avec diminution dans le volume de ces mêmes os. Nous ne reviendrons pas sur l'idée généralement acceptée, que l'écartement des pubis est une des raisons d'existence de l'épispadias; nous avons traité cette question tout au long. Mais, si l'écartement n'est pas une condition indispensable, il faut reconnaître que cette disposition s'observe assez souvent.

L'intervalle qui sépare les deux pubis est rempli par un ligament fibreux dont la largeur mesure l'écartement des deux os. La distance d'un des pubis à l'autre oscille entre 1 centimètre et 5 centimètres, comme chez le Suédois opéré par M. Nélaton.

Cet écartement des pubis est assez difficile à bien préciser, cependant c'est un point important du diagnostic; cette disposition paraît avoir une grande importance dans la question de l'incontinence d'urine. On comprend facilement que l'arrêt de développement qui porte sur les os du pubis, a pour conséquence immédiate une modification dans la conformation du col vésical et de la portion membraneuse de l'urèthre. L'appareil musculaire est modifié dans ses insertions qui se font sur des parties fibreuses et non fixes; son développement est presque rudimentaire. Sur la ligne médiane, les os manquant, les téguments de l'abdomen se réfléchissent pour se continuer avec la muqueuse vésicale; aussi toute la paroi supérieure de la partie profonde de l'urèthre manque-t-elle complétement.

Tout ceci trouve sa confirmation dans l'examen des faits. Chez plusieurs malades, l'orifice uréthral permettait l'introduction facile du doigt, qui pénétrait ainsi jusque dans la vessie.

Parmi les sujets atteints d'épispadias complet, les uns, avons-nous dit, gardent leurs urines, les autres les perdent continuellement. Dans la première catégorie nous devons compter le malade de Breschet, chez lequel l'autopsie nous a montré la bonne conformation de pubis. Vient ensuite le malade de M. Barth, l'observation ne mentionne pas l'écartement du pubis. Au contraire, le Suédois, Ursin, avaient un écartement du pubis et l'incontinence existait.

N'est-il pas rationnel de supposer que c'est dans la disposition anatomique des parties que réside la cause d'une différence aussi notable entre des individus conformés d'une manière identique. Chez le malade dont j'ai rapporté l'histoire, dans le *Moniteur des hôpitaux*, l'épispadias ne portait que sur le gland, mais il y avait écartement des pubis et incontinence d'urine. Ce fait est encore confirmatif de notre manière de voir.

L'écartement des pubis est donc le signe absolu de l'impossibilité de guérir radicalement l'infirmité. Mais l'écoulement des urines pouvant tenir à différentes causes que nous avons indiquées, en présence d'une bonne conformation du pubis, il y a lieu d'espérer une guérison complète.

On jugera de l'état des pubis par l'examen direct, par le palper, par la mobilité plus ou moins grande des os iliaques, enfin par une certaine incertitude dans la marche des individus dont la symphyse est imparfaite.

La disjonction des pubis est quelquefois accompagnée de la hernie d'une portion de la vessie. Cette complication, dont on comprend le mécanisme, est loin d'être aussi fréquente que semble le supposer M. Richet (1).

Nous ne connaissons qu'une seule observation, nous allons la rapporter textuellement : cette hernie de la vessie serait une raison de plus pour pratiquer une opération, dont le premier résultat serait de mettre le prolapsus à l'abri du contact de l'air. Le malade de M. Jobert (de Lamballe), a retiré tous les bénéfices de l'opération. (Voy. *Bull. de l'Acad.*, juillet 1855.)

OBS. V. — *Épispadias compliqué de hernie vésiculaire* (2).

Un conscrit portait à la région pubienne une tumeur hémisphérique du volume de la moitié d'une pomme de reinette, molle, livide, comme sugillée, et recouverte de téguments fort minces, disparaissant par la pression, puis revenant sur elle-même. Elle était évidemment produite par la partie antérieure de la vessie, faisant saillie entre les pubis, dont la symphyse manquait en tout ou en partie; au-dessous de cette tumeur, la moitié du gland sans prépuce, de forme et de volume ordinaires, sur la surface duquel se voyait une rigole faisant partie du canal de l'urèthre, et laissant distiller l'urine goutte à goutte et involontairement.

(1) *Loc. cit.*
(2) Voy. *Journal méd. chir. pharm.*, janvier 1814, p. 14.

Il faut remarquer qu'il n'y avait pas ici absence des téguments et renversement de la vessie avec suintement continuel d'urine par les uretères, s'ouvrant à l'extérieur sur la surface de la tumeur, vice de conformation qui n'est pas très rare et qui constitue l'exstrophie de la vessie. Dans ce cas, ces canaux paraissaient s'ouvrir très près du demi-canal qui sillonnait le gland et du col de la vessie qui, selon toute apparence, était très petite et n'avait pas de sphincter.

Pour terminer ce qui a trait aux complications, je mentionnerai la rétraction du pénis au-devant de l'abdomen. Cette position de la verge n'est pas constante, mais on l'observe souvent; il semble que ce retrait soit un effort de la nature pour s'opposer à la sortie des urines; cependant l'incontinence n'en persiste pas moins. Nous avons fait jouer un rôle important à cet obstacle dans la miction, aussi sommes-nous autorisé à ranger cette disposition de la verge au nombre des complications de l'épispadias. Cette rétraction du pénis manquait chez les malades de Morgagni, de Salzmann, de Breschet, de M. Barth, qui tous conservaient leurs urines; elle existait au contraire chez les trois malades que nous avons opérés, et qui tous étaient tourmentés par l'incontinence. Cette conformation sera donc un des éléments du pronostic; enfin nous dirons plus tard que l'opération devant avoir pour but de combattre la rétraction, il y a lieu de faire un choix dans le procédé à mettre en usage. Celui de M. Nélaton, dans lequel on emprunte un lambeau au scrotum, offre l'avantage de fixer la verge en avant et en bas, il s'oppose donc au retrait de l'organe vers la face antérieure de l'abdomen.

DU TRAITEMENT DE L'ÉPISPADIAS.

Nous avons démontré que l'épispadias incomplet, qu'il fût glandaire ou spongo-balanique, n'entretenait aucun trouble, soit dans l'émission de l'urine, soit dans l'accomplissement de l'acte sexuel. Ce premier degré de l'anomalie a donc pour conséquence une simple altération dans la configuration des parties; il est inutile de rien tenter contre un tel vice de conformation. Dans un cas dont nous avons déjà parlé plusieurs fois, la fissure ne portait que sur la portion balanique de l'urèthre; le reste du canal existait, mais très imparfaitement. De plus il y avait complication de l'écartement des pubis. L'incontinence des urines était la conséquence de cette malformation. M. Nélaton y porta remède au moyen d'un petit compresseur, dont la pelote placée en avant de l'anus, appliquait la paroi inférieure du canal contre la supérieure.

La partie importante de la thérapeutique de l'épispadias est celle qui a trait à la fissure uréthrale supérieure complète.

Toutes les fois que le vice de conformation ne sera pas accompagné de l'incontinence d'urine, comme dans les observations de Breschet, de M. Barth, etc., on devra s'abstenir; toute intervention serait inutile et pourrait même entraîner des inconvénients.

Nous avons longuement insisté sur les conséquences de cette malformation; les épispades sont des êtres nuls quant à la fonction sexuelle; ils peuvent bien avoir des érections, des éjaculations, mais il est fort douteux qu'ils puissent accomplir heureusement le coït. Quoi qu'il en soit, une opération ne pourrait modifier avantageusement les dispositions du pénis. La question capitale c'est l'incontinence d'urine; tout le monde connaît les conséquences fâcheuses qui sont le résultat de cette infirmité : les sujets ont leurs vêtements continuellement mouillés; les téguments sont le siége d'une irritation parfois très douloureuse; enfin ces malheureux répandent autour d'eux une odeur repoussante; aussi deviennent-ils un objet de dégoût pour toutes les personnes qui les approchent. Honteux de leur situation, abandonnés de tout le monde, leur caractère se modifie et leur visage exprime la crainte et la timidité.

Il y a à peine une dizaine d'années, les individus atteints d'*épispadias complet* étaient considérés comme incurables; quelques soins de propreté, un urinal plus ou moins perfectionné, voilà tout ce que pouvait l'art pour remédier à une aussi triste infirmité. Les recherches que nous avons pu faire relativement à la thérapeutique de l'épispadias, ne nous ont rien fait connaître. Il est bon de rappeler que cette malformation n'a pas été l'objet d'une étude approfondie. Breschet qui le premier décrit l'épispadias, ne semble pas supposer que ce vice de conformation puisse entraîner à sa suite des inconvénients graves; aussi n'est-il pas question, dans son travail, des moyens de remédier à l'incontinence. On trouve dans la science quelques faits, mais les observations sont assez écourtées. Les auteurs ont décrit ces individus mal conformés, comme des objets de curiosité, sans paraître songer qu'à ces vices correspondaient des symptômes dignes d'attirer l'attention de l'homme de l'art.

Bérard, à l'article Pénis du *Dictionnaire* en 30 volumes, consacre quelques lignes à l'épispadias. «L'épispadias est beaucoup plus rare que l'état précédent (hypospadias), et il peut aussi offrir plusieurs variétés. Toujours l'urèthre s'ouvre à la face dorsale ou supérieure de la verge, mais tantôt c'est par un orifice circulaire, et tantôt par une gouttière creusée entre les deux corps caverneux, et dans une étendue plus ou moins grande. La chirurgie ne peut rien contre de telles anomalies; les malades sont impuissants; le pénis est peu volumineux, souvent rudimentaire. Plusieurs individus, regardés comme hermaphrodites, présentaient ce vice de conformation. »

M. Larrey, en 1840, lors de sa communication à l'Académie, a rappelé les faits d'épispadias mentionnés par les auteurs, mais il n'a pas abordé la question du traitement. Suivant lui, Bégin aurait pensé à une opération autoplastique ; mais, c'est là une simple mention, et voilà tout. En 1855, le même chirurgien, à l'occasion d'une présentation de malade à l'Académie, s'est montré peu favorable à l'idée d'une opération.

Nous avons dit que chez plusieurs individus le pénis était rétracté au-devant de l'orifice urinaire comme une sorte de couvercle destiné par la nature à empêcher l'écoulement du liquide. Un médecin avait imaginé de comprimer le pénis sur l'ouverture, au moyen d'un bandage à pelote concave exactement appliquée sur l'organe. L'expérience a prouvé que ce moyen ingénieux ne mettait pas le malade à l'abri de l'incontinence. La compression n'était efficace qu'à un degré où elle devenait douloureuse et intolérable. Chez le malade dont nous venons de parler, on a été obligé d'en revenir à l'urinal de l'exstrophie de la vessie.

Dans l'ouvrage de Sanson et Lenoir, il est dit que chez les épispades l'urine et le sperme ne peuvent être lancés au loin, « le malade est impropre à la génération, » et plus loin : « ce vice de conformation est incurable. »

Dès 1852, M. Nélaton entra dans la voie du progrès et exécuta une opération ingénieuse dont les résultats furent satisfaisants. L'année suivante, il opéra un deuxième malade ; ces deux observations ont été publiées par M. Richard (1). En 1855, M. Jobert se montra partisan de l'autoplastie et déclara qu'il avait traité un enfant avec succès. Enfin en 1860, nous avons nous-même opéré trois malades. C'est avec ces divers éléments que nous allons essayer de justifier l'intervention de la chirurgie.

Que se propose-t-on en opérant les malades? On veut transformer l'urèthre, qui n'est qu'à l'état de gouttière, en un véritable canal. Le résultat de cette tentative ne peut être qu'utile ; l'urine, au lieu de s'écouler par une surface, suivra nécessairement le canal ainsi reconstitué. Impossible de rendre aux malades des sphincters qui manqueraient ; mais le premier résultat c'est l'application possible d'appareils simples et efficaces. Sans l'opération, on ne peut employer que les appareils mis en usage pour l'exstrophie de la vessie. Chacun sait combien cette ressource est précaire et combien ces moyens sont loin d'être parfaits.

L'expérience nous a démontré que la restauration du canal pouvait avoir pour conséquence un autre résultat, la régularisation du cours de l'urine et la cessation d'une incontinence due au regorgement. Qu'on accepte ou non la théorie que nous

(1) *Loc. cit.*

avons exposée, les faits n'en demeurent pas moins. Les enfants opérés ont cessé de perdre leurs urines. Un grand nombre de personnes, parmi lesquelles nous citerons le professeur Dénonvilliers, M. Tardieu, ont pu constater que nos petits malades conservaient des urines et les rendaient volontairement par un jet assez vigoureux. La contention des urines est moins parfaite que chez des individus bien conformés; la portion membraneuse, c'est-à-dire le sphincter uréthral fonctionne mal, aussi les malades peuvent-ils résister moins longtemps et moins aisément au besoin d'uriner. Après l'opération, il reste une véritable éducation à faire: les enfants sont paresseux, peu soucieux d'être souillés; ils ne rendent pas les urines en temps voulu et l'incontinence survient, mais par regorgement.

Dans le cas où la contention des urines serait impossible, s'il s'agissait, par exemple, d'un grand écartement des pubis, le canal une fois constitué, l'application d'un appareil deviendrait extrêmement facile. Ce sera, soit un petit anneau élastique, soit un petit tube de caoutchouc dans lequel plongera le pénis, ce qui permettra aux urines de s'écouler au-dehors, sans souiller ni les vêtements ni les téguments. Il suffit de lire les observations pour se convaincre de l'utilité réelle de l'opération. Actuellement l'expérience a prononcé, le chirurgien doit intervenir. Mais cette opération est très compliquée, le succès n'est obtenu qu'à force de patience et de soins. Ce n'est pas exagérer que de dire que le traitement peut durer de trois à six mois; il y a l'opération première et les opérations complémentaires.

Nous allons décrire le manuel opératoire, puis nous exposerons, d'après notre expérience personnelle, quels sont les résultats successifs qui doivent être obtenus.

Manuel opératoire, autoplastie par redoublement. — On trouvera dans le livre de M. Nélaton l'exposé de deux procédés qu'il a imaginés et mis en usage. Le premier doit, nous le pensons, être abandonné; le deuxième, auquel l'auteur semble aussi avoir donné la préférence, doit être ici exposé en détail. Le texte original est un peu concis, pour être bien compris; j'ajouterai que nous avons apporté quelques modifications que nous croyons très utiles pour assurer les résultats.

L'opération se compose de plusieurs temps:

1° On passe un fil au travers du prépuce; ce fil sera confié à un aide qui sera chargé de tirer la verge en bas et en avant pendant toute la durée de l'opération. Cette précaution est très utile et ne doit pas être négligée.

2° On fait de chaque côté de la gouttière uréthrale une incision longitudinale à l'union de la peau avec la muqueuse, plutôt un peu en dehors. Ces incisions commencent sur les côtés du prépuce et se prolongent jusqu'à la paroi abdominale, où nous les reprendrons dans un troisième temps. Les deux lèvres de cette incision sont immédiatement disséquées dans l'étendue de 4 à 5 millimètres, en ayant soin de laisser aux tissus leur plus grande épaisseur; on a ainsi une lèvre interne qui se relève vers le canal de l'urèthre, une lèvre externe qui se continue avec les téguments de la verge. Ceci fait, à droite et à gauche, le troisième temps commence.

3° On prolonge les deux incisions péniennes sur l'abdomen en remontant à une hauteur de 5 centimètres environ, au niveau des saillies qui limitent de chaque côté la gouttière abdominale; ces deux incisions réunies par une troisième transversale, on dissèque immédiatement un lambeau que l'on fait descendre jusqu'à ce que les deux gouttières, abdominale et uréthrale, puissent facilement être mises en contact. Cette dissection doit être très complète vers la base, et il faut laisser aux tissus la plus grande épaisseur possible afin de ne pas compromettre leur vitalité. La continuité des incisions péniennes et abdominales nous semble très utile en ce qu'elle favorise la création du canal; en outre, notre manière de faire a pour résultat la formation d'un lambeau abdominal plus long et plus étroit qu'il n'est indiqué par M. Nélaton.

4° Il faut alors faire la suture des bords correspondants des deux gouttières, de manière à fermer latéralement le canal. La simple suture à points séparés ne permet pas de mettre en contact des surfaces saignantes; il en est résulté que, dans tous les cas, la réunion n'a pas eu lieu; ce n'est que grâce au lambeau scrotal que le lambeau descendu de l'abdomen a pu rester en place. Mais, qu'on y réfléchisse bien, dans tous ces cas, le canal n'a pas été reconstitué; on a seulement obtenu une sorte de fermeture, à large couvercle, de la gouttière uréthrale. Si la suture, qui constitue le quatrième temps de l'opération, pouvait être suivie d'une réunion, le résultat serait parfait. Nous avons échoué dans nos deux premières opérations, aussi avons-nous dû en chercher la cause : si la réunion ne s'est pas faite, c'est principalement parce qu'on n'avait pas adossé des surfaces réciproquement saignantes. Dans notre troisième opération, nous avons employé la suture de Gély, et nous avons ainsi obtenu les rapports nécessaires à l'agglutination des surfaces.

Le lambeau abdominal ainsi réuni de chaque côté avec la lèvre interne de l'incision pénienne, l'opération n'est qu'à moitié; mais cette partie est la plus importante et la plus délicate : on ne saurait y apporter trop de soin.

5° Une première incision circonscrivant la base de la verge, puis une deuxième qui contourne le scrotum, permettent de tailler un lambeau qui doit recouvrir le dos du pénis; pour cela, et après dissection, on fait passer la verge au travers de l'incision qui circonscrit sa base, comme au travers d'une sorte de boutonnière, alors le lambeau prend sa place, s'applique par sa face cruentée sur la face saignante du lambeau abdominal, déjà suturé avec les lèvres internes des incisions péniennes.

Nous taillons ce lambeau scrotal beaucoup plus grand que ne le fait M. Nélaton. (Voy. pl. IV, fig. 3.)

6° Ce temps consiste à suturer la grande circonférence du lambeau scrotal avec la lèvre externe de l'incision pénienne, à droite et à gauche. Ici trois points de suture suffisent de chaque côté.

7° Le pansement consiste à mettre une sonde dans la vessie, à recouvrir les surfaces au moyen de linge et de charpie, puis à maintenir le tout au moyen du petit anneau que Dupuytren employait pour fixer les sondes dans la vessie.

A. *Résultats immédiats.* — Les suites de l'opération sont généralement assez simples : il y a un peu de réaction-générale, mais au bout de quelques jours les choses rentrent dans l'ordre. On observe ordinairement une grande tuméfaction des lambeaux et surtout du prépuce. Ce gonflement, qui persiste assez longtemps, ne m'a pas paru avoir d'importance ; une seule fois nous avons observé une gangrène limitée à l'extrémité antérieure du lambeau abdominal (obs. VIII).

Les points de suture doivent être enlevés le deuxième jour ; les parties sont alors avantageusement tenues en contact au moyen de bandelettes de toile trempées dans du collodion. Les résultats de cette première opération sont déjà considérables ; ils ont été les mêmes chez les trois malades que nous avons traités : 1° le pénis, au lieu d'être rétracté au-devant de la paroi abdominale, présente sa direction normale ; l'espèce de pont scrotal qui passe dessus s'oppose à son élévation. C'est là la principale raison pour employer le deuxième procédé de M. Nélaton ; 2° les deux lambeaux adhèrent par leurs surfaces correspondantes, mais, le plus souvent, la réunion n'a pas eu lieu vers les bords ; 3° le cours de l'urine est régularisé : le liquide, au lieu de suinter, s'écoule le long de la gouttière uréthrale.

Il reste donc à réunir les parties latérales des deux parois superposées du nouveau canal ; il nous a semblé qu'il y avait avantage à ne pas tout faire en une seule fois. Nous nous sommes bien trouvé d'aviver et de réunir un seul côté pour ensuite passer à l'autre. J'ajoute que ces sutures latérales ne doivent être faites que longtemps après la première opération, que ces compléments ne doivent être cherchés que lorsque les parties sont revenues à leur état normal ; alors rien n'est plus simple que d'aviver les tissus et de les réunir par quelques points de suture. Après une première opération, j'ai observé constamment, vers la base du lambeau abdominal, entre cette base et le bord postérieur du lambeau scrotal, deux orifices par lesquels l'urine s'écoulait ; ces pertuis, dont l'étendue varie entre quelques millimètres et un centimètre et demi, sont assez difficiles à oblitérer ; nous avons employé soit la suture après avivement, soit la cautérisation avec le fer rouge. Chez un des malades il a fallu y revenir jusqu'à six fois ; dans l'observation de M. Nélaton, il est aussi question de ces pertuis qui semblent être la conséquence du procédé employé. (Voy. pl. IV, fig. 2.)

B. *Résultats définitifs*. — Les résultats définitifs de ces opérations sont les suivants : le canal étant reconstitué, quelques sujets sont guéris de leur incontinence ; chez les autres, l'infirmité persiste, mais les moyens protétiques sont très simples et très efficaces. Que deviendront ces lambeaux rapportés? Quelles seront les conséquences de cette autoplastie? C'est ce que l'avenir nous apprendra. On peut craindre que la surface épidermique du lambeau abdominal ne vienne à se couvrir de poils qui occuperaient alors le canal de l'urèthre ; il y a lieu de se demander si les lambeaux suivront l'accroissement du pénis, etc., etc. Je le dis encore, il y a des résultats qu'on ne peut préciser actuellement.

Le malade de l'observation VII, quoique guéri de son incontinence, souillait encore ses vêtements : ceci tenait à l'extrême brièveté du canal. Le jet était bien projeté, mais il divergeait, et les vêtements se trouvaient mouillés ; nous nous sommes bien trouvé de faire uriner l'enfant dans une sorte de cornet qui permettait au liquide de s'écouler loin des cuisses, et qui, par conséquent, mettait les vêtements à l'abri des éclaboussures.

Les personnes qui auront pris la peine de lire notre travail, seront édifiées, nous l'espérons, sur la nature du vice de conformation désigné sous le nom d'épispadias. Il est démontré que, chez beaucoup de sujets, l'anomalie a pour conséquence une infirmité dégoûtante contre laquelle la chirurgie peut beaucoup. Chemin faisant, nous avons formulé des propositions en ayant soin de les accompagner de preuves suffisantes ; il nous reste actuellement à rapporter les trois observations qui nous sont personnelles. Que le lecteur ne néglige pas la relation de ces faits, il y trouvera des détails intéressants et des renseignements utiles.

Obs. VI. — *Epispadias complet. — incontinence d'urine, opération suivie d'amélioration. — Rougeole. — Pneumonie. — Mort. — Autopsie* (Hôpital des Enfants malades. — M. Dolbeau).

Delaleuf (Ursin) est entré, le 5 juillet 1860, à l'hôpital des Enfants malades, salle Saint-Côme. Il était âgé de neuf ans et demi ; il venait de l'hôpital de Châteauroux, où il avait été élevé comme enfant trouvé. Le petit malade était adressé pour une incontinence absolue des urines.

État actuel. — Enfant du sexe masculin, peu développé physiquement. Son intelligence paraît très bornée : une grande frayeur semble le dominer ; il ne parle pas et pousse quelques petits cris très peu sonores. Il est évident que l'infirmité de cet enfant a eu pour résultat une sorte d'isolement, et, par suite, le non-développement de ses facultés intellectuelles.

6 .

L'enfant perd ses urines : l'écoulement consiste en un suintement continuel du liquide qui glisse sur toutes les parties voisines de la verge et qui mouille sans cesse soit les vêtements, soit les draps du lit. Jamais Ursin n'éprouve le besoin d'uriner, ou plutôt il ne se présente jamais pour y satisfaire : l'incontinence a lieu debout et couché.

Si on passe à l'examen des organes génitaux, voici ce que l'on peut constater : le scrotum est normal ; renferme un seul testicule : il est surmonté par une verge rudimentaire, rétractée en haut et en arrière vers l'abdomen, en sorte que la face inférieure de l'organe se présente en avant et légèrement en haut ; si on éloigne la verge, ce qui est facile, on constate que cette partie se trouve logée dans une sorte de dépression longitudinale qui existe à la partie inférieure et médiane de l'abdomen. Dans ce point, immédiatement au-dessus du pubis qui semble peu développé, on trouve une sorte de gouttière de 4 centimètres de long sur 2 de largeur, limitée latéralement par deux reliefs : c'est en un mot la saillie du mont de Vénus séparée en deux parties par une rainure médiane. Cette gouttière est tapissée par la peau qui a pris les caractères d'une muqueuse ; elle est lisse, fine et humide. En haut, la gouttière se continue insensiblement avec la peau de l'abdomen ; en bas, le tégument semble rentrer en dedans, et forme un repli en forme de croissant à concavité inférieure : c'est la demi-circonférence supérieure d'un orifice qui conduit dans la vessie. La demi-circonférence inférieure est formée par l'urèthre.

La verge, avons-nous dit, est rudimentaire : elle est formée par deux corps caverneux réunis en bas, laissant entre eux, supérieurement, une petite rainure où se trouve logé l'urèthre, qui, lui-même, manque de paroi supérieure ; le gland est petit et divisé en haut, sur la ligne médiane, ce qui permet à ses deux moitiés de s'écarter latéralement.

L'urèthre se trouve, par suite du vice de conformation, réduit à une gouttière qui occupe toute la face dorsale de la verge : elle commence au gland et se termine dans l'orifice que nous avons déjà indiqué, c'est-à-dire juste au niveau de la symphyse. Latéralement, la muqueuse uréthrale se continue avec la peau qui recouvre la verge ; on observe à leur réunion, et de chaque côté, une petite crête saillante qui va se perdre dans le prépuce, d'ailleurs très développé.

L'orifice qui conduit à la vessie est presque circulaire ; il a les dimensions d'une pièce de 20 centimes ; mais il est évident qu'il y a encore une certaine distance entre ce trou et l'orifice interne de l'urèthre : en un mot, la partie membraneuse du canal paraît exister. L'urine suinte constamment, nous l'avons déjà dit ; mais si on vient à écarter la verge, si on met à découvert l'orifice, on voit une colonne de liquide qui remplit le canal et qui s'échappe au dehors. Cet écoulement cesse aussitôt qu'on permet à la verge de se rétracter vers l'abdomen ; si on essuie alors les parties, elles restent sèches pendant quelques minutes, puis le suintement reparaît, et l'urine vient de nouveau les souiller. Il demeure évident, pour tous, que la vessie contient une notable proportion de liquide, que le surplus s'écoule seul, par suite du regorgement, et que la rétraction de la verge est une sorte d'obstacle à l'écoulement de l'urine. La sonde démontre : 1° que la vessie est assez développée ; 2° que son col est à une certaine distance de l'orifice sous-pubien.

Les pubis paraissent petits et légèrement mobiles.

Santé générale, bonne. Appétit.

Il est décidé qu'on tentera une opération pour tâcher de remédier à l'incontinence, et surtout pour faciliter l'application d'un appareil.

Opération le 15 juillet. — Je me dispense de décrire l'opération et le pansement. Une artériole donne : elle n'est pas liée. Dans la soirée, hémorrhagie très abondante avec symptômes généraux (faiblesse du pouls, refroidissement de la peau, état d'adynamie) ; elle est arrêtée par un tampon de perchlorure de fer placé sur le côté gauche de la plaie. Le lendemain tout paraît à peu près réuni, sauf un point, du côté gauche, occupé par le tampon et le caillot qu'il a formé.

Le 16, l'enfant n'a pas de fièvre ; il prend des potages ; il vomit une fois.

Le 17, plus de symptômes généraux.

Le 18, la sonde ayant été obstruée par des mucosités, le pansement est mouillé par l'urine ; cet accident se reproduit les jours suivants, bien que le malade soit pansé deux fois par jour. Sous l'influence probable du contact de l'urine, la plaie de l'abdomen suppure. Du 20 au 25, on constate que, lorsque la sonde est retirée, l'enfant urine uniquement par le méat, seulement le lambeau s'étant un peu rétracté, le gland n'est pas tout à fait découvert.

Le 26, apparition d'une fistule sur la portion droite de la plaie.

Les jours suivants le malade devient de plus en plus remuant, de sorte que la sonde presse souvent d'une manière inégale sur les parois du canal.

La sonde est maintenue d'une manière constante jusqu'au 12 août, et du 12 au 20 d'une manière intermittente. A cette dernière date, la plus grande partie de l'urine passe par le méat, mais on remarque de chaque côté de celui-ci une fente assez étendue ; l'urine se fait jour aussi par de petites fistules, de sorte que la réunion a été incomplète.

Le 7 septembre, c'est-à-dire près de deux mois après avoir subi son opération, et alors qu'on se préparait à compléter la restauration, Ursin fut pris de la rougeole, qui régnait alors dans les salles, et il succomba à des complications.

Avant de décrire tout au long l'autopsie, il est bon de s'arrêter sur les résultats fournis par l'opération.

Sous le rapport anatomique, voici dans quel état se trouvaient les organes. Le dessin facilitera la description. (Voy. pl. IV.)

La verge, au lieu d'être rétractée, se présente horizontale : le gland regarde en avant, la gouttière uréthrale n'est plus visible, les lambeaux la recouvrent. En effet, le lambeau abdominal occupe exactement la ligne médiane : il arrive jusqu'à la couronne du gland, qu'il recouvre en partie. Au-dessus de lui, se trouve le lambeau scrotal qui lui adhère intimement. Vers la base du lambeau abdominal, on trouve, en arrière du lambeau scrotal, deux fistules, dont celle de gauche a un demi-centimètre ; celle de droite est un simple pertuis. La circonférence antérieure du lambeau scrotal n'a pas été réunie aux parties latérales de l'urèthre, de sorte qu'il y a de chaque côté de la verge deux rainures par lesquelles l'urine sort en même temps que sur la ligne médiane ; ce liquide suit la gouttière uréthrale, mais il s'échappe aussi par côté. Une simple suture aurait donc suffit pour compléter le canal urinaire.

Quant à l'incontinence, elle n'est plus de même nature : l'enfant ne garde pas ses urines, il les rend très fréquemment mais par jets ; quand il est au lit, il urine dans ses draps, mais il reste quelquefois assez longtemps sans être mouillé. En un mot, l'enfant ne sait pas garder ses urines, peut-être même ne peut-il pas ; mais celles-ci sortent, non plus continuellement, mais par moment. L'écoulement du liquide se fait maintenant très facilement.

M. Guersant avait fait construire pour l'enfant un urinal en caoutchouc, qui certainement eût été insuffisant avant l'opération ; nous pensons qu'après une ou deux opérations complémentaires, l'état d'Ursin eût été bien plus satisfaisant.

Autopsie. — Ecchymose presque générale du tissu sous-cutané.

Signes évidents de la mort par asphyxie.

Poumons présentant une inflammation lobulaire.

Rate énorme.

Reins normaux.

Uretères normaux.

Testicule gauche dans le canal inguinal. Le droit dans le scrotum.

Épispadias. (Voy. pl. IV.)

On trouve sur la partie sus-pubienne la cicatrice du lambeau abdominal; elle est circulaire, du volume d'une pièce de 50 centimes. Il y a un tiraillement des téguments voisins indiqué par quelques plis rayonnés.

Le scrotum existe avec tous ses caractères normaux ; la seule trace du lambeau qui lui a été empruntée se trouve dans une cicatrice linéaire à concavité supérieure cachée dans l'angle péno-scrotal.

La verge a 3 centimètres, le gland est libre dans sa moitié antérieure; il est surmonté dans sa moitié postérieure par le petit lambeau abdominal qui dépasse le lambeau scrotal de 3 millimètres. Ce dernier entoure la verge, il a 2 centimètres d'avant en arrière. Il présente deux bords, l'un antérieur, l'autre postérieur. Le premier est convexe, doublé du lambeau abdominal sur la ligne médiane. Il contourne la verge, mais il n'adhère pas à la peau de cet organe, excepté à gauche et un peu en arrière; d'où il suit que l'urèthre a maintenant une paroi supérieure. Pour que le résultat pût être complète, il faudrait que les deux gouttières fussent soudées par leurs bords correspondants.

Le bord postérieur est adhérent, sauf sur les parties latérales, de chaque côté de la base du lambeau abdominal; dans ces points, il y a deux fistules qui correspondent à l'urèthre.

La restauration n'est donc pas complète, mais il fallait peu de chose pour la terminer.

Si on dissèque le périnée, on trouve tous les muscles bien développés, surtout le bulbo-caverneux, qui est remarquable par sa grande épaisseur.

Le bassin est bien conformé, mais il y a entre les deux pubis un écartement d'un centimètre. Les deux os sont mobiles, mais unis par les moyens d'union ordinaire. La vessie est petite, revenue sur elle-même; son volume est celui d'un gros œuf de poule. Sa couche musculeuse peu épaisse, manque, en avant, entre les deux faisceaux pubio-vésicaux.

Urèthre. — Sa paroi supérieure n'existe pas jusqu'au niveau de la symphyse, mais après on trouve la portion profonde bien conformée. En effet, la prostate occupe sa position normale et au-dessus on trouve les vésicules séminales et leurs conduits.

Le canal de l'urèthre, mesuré du col vésical jusqu'au méat, a une longueur de 5 centimètres 8 millimètres. La portion libre a 3 centimètres. La largeur de la gouttière est de 12 millimètres dans la portion glandaire, en arrière on trouve 15 millimètres. Cette surface est recouverte par la muqueuse, on y observe d'avant en arrière une excavation de 12 millimètres d'avant en arrière, dont le fond est rougeâtre, c'est la fosse naviculaire. Elle est bordée par une sorte de bourrelet de 3 millimètres d'épaisseur, ce sont là les rudiments du gland.

De chaque côté de la fosse naviculaire, et plus superficiellement, on trouve un sillon, une rainure qui a 6 millimètres de long sur 1 de large.

En arrière de la portion glandaire, la muqueuse est plus pâle dans une étendue de 24 millimètres. On y observe des plis et des rainures longitudinales ; l'une d'elles occupe la ligne médiane. On remarque en plus cinq orifices. Ce sont des lacunes uréthrales.

En arrière et jusqu'au col vésical, la muqueuse est plus rouge. Le vérumontanum est relativement très développé : de chaque côté on observe un repli ou une valvule en forme de nid de pigeon, dont l'entrée regarde vers le gland. (Voy. pl. III.)

Au-dessous de la muqueuse et dans toute l'étendue de l'urèthre, il y a des fibres musculaires longitudinales très manifestes.

Arrivée dans la portion libre de l'urèthre, cette muqueuse s'applique sur les corps caverneux à leur face supérieure; mais, elle correspond aussi à la face supérieure des rudiments du corps spongieux. Plus en avant elle recouvre la partie renflée du pénis, le gland.

Sur les côtés, la muqueuse se continue insensiblement avec la peau de la verge; à l'extrémité antérieure elle constitue le prépuce et le frein, qui sont normalement conformés.

Parties érectiles du pénis. — Corps caverneux. — Ils naissent le long de la branche ischio-pubienne; leur longueur est de 6 centimètres. Leur plus grand diamètre a 7 millimètres (ils ont été injectés). Ces deux cylindres restent séparés dans une étendue de 3 centimètres et demi. Puis vers l'angle péno-scrotal, ils s'accolent et s'unissent par des adhérences solides. Au niveau du gland ils s'écartent de nouveau et se terminent en pointe. (Voy. pl. III, fig 2.)

Corps spongieux de l'urèthre. — Si, après avoir enlevé le muscle bulbo-caverneux, on cherche le bulbe et la portion spongieuse du canal, on ne trouve que les traces de cet appareil érectile. Sur la ligne médiane, on observe, en effet, deux petits corps juxtaposés, ce sont deux petits cylindres de 2 centimètres et demi de long, formés en arrière par du tissu spongieux auquel succèdent des veinules qui disparaissent vers le point où les deux corps caverneux se réunissent sur la ligne médiane. Pas une seule ramification ne va jusqu'au gland. Cette petite masse érectile est sous-jacente à la muqueuse uréthrale, et après l'injection elle fait une saillie très manifeste sur la ligne médiane de l'urèthre.

Gland. — C'est un petit bourrelet qui termine la muqueuse uréthrale. Il a 3 millimètres d'épaisseur, se compose de tissu fibreux et d'un peu de tissu spongieux impossible à injecter. La pointe des corps caverneux le pénètre et leur enveloppe se continue avec la sienne. On ne peut voir si des vaisseaux partent de ce renflement.

Si nous résumons la structure du pénis, voici comment se superposent les couches qui le composent en allant de haut en bas, ou de la face supérieure du pénis vers l'inférieure. (Voy. pl. III, fig. 4.)

1° Au niveau du gland : muqueuse uréthrale; couche sous-muqueuse ; tissu spongieux du gland ;

2° Dans la portion libre de la verge jusqu'à l'angle péno-scrotal : muqueuse uréthrale; couche sous-muqueuse; corps caverneux juxtaposés ; peau ;

3° Au niveau de la symphyse : muqueuse uréthrale; couche sous-muqueuse. Sur la ligne médiane, le corps spongieux rudimentaire; sur les parties latérales le tissu cellulaire, le muscle bulbo-caverneux, la peau.

L'urèthre depuis la symphyse est donc constitué par une gouttière muqueuse, doublé par la peau et le tissu cellulaire. Entre ces deux couches on observe en arrière les rudiments du corps spongieux et son muscle; en avant les deux corps caverneux.

Au niveau de la symphyse le canal est à sa place, mais, au lieu de suivre la face inférieure des corps caverneux , il passe dans leur écartement et vient occuper leur face supérieure.

Le vice de conformation consiste donc 1° dans un arrêt de développement des parties spongio-vasculaires de l'urèthre ; 2° dans l'inversion du canal qui, au lieu d'occuper la face inférieure des corps caverneux, passe au-dessus pour se placer à leur face supérieure.

Quant à l'écartement des corps caverneux, il n'existe vraiment pas. Ces deux cylindres sont complétement réunis à la face inférieure. Sur le dos de la verge, ils présentent une gouttière qui rappelle celle que l'on observe normalement à la face inférieure. Dans cette gouttière se logent 1° l'urèthre qui est ouvert par sa face supérieure; 2° les rudiments des corps spongieux de l'urèthre. En arrière des pubis les corps caverneux divergent comme à l'état normal et dans leur écartement on observe le bulbe et le muscle qui le double.

OBS. VII. — (Hôpital Saint-Louis, salle Saint-Augustin. — M. Dolbeau.)

Ancelin (Albert), âgé de sept ans, enfant naturel, entré le 24 août 1860, sorti le 14 janvier 1861 (1).

L'enfant est porteur d'un épispadias complet, il a été vu par plusieurs chirurgiens qui ont refusé toute opération.

La mère a eu trois enfants bien conformés; elle raconte que pendant sa quatrième grossesse elle aurait été vivement impressionnée par la lecture d'un livre où il était question des hermaphrodites. Pour elle, c'est là la cause du vice de conformation que présente son dernier enfant. Quoi qu'il en soit, le petit malade est continuel-

(1) Observation recueillie par M. Fischer, interne du service.

lement dans l'urine, il est un objet de répulsion pour toutes les personnes qui le voient; aussi sa mère le garde-t-elle dans un petit cabinet fétide et rempli de vermine.

Etat actuel. — Constitution générale bonne, tempérament nerveux, intelligence très développée.

Ce qui frappe le plus en approchant ce petit garçon, c'est l'odeur fétide qu'exhalent ses vêtements, qui sont complétement mouillés par l'urine. Il n'a pas de pantalon, son costume consiste en une robe longue. L'urine suinte d'une manière continue surtout quand l'enfant est debout; le besoin d'uriner ne se fait pas sentir. Lorsque le malade garde le lit, on peut quelquefois le voir une heure sans être mouillé, mais l'urine ne tarde pas à sourdre et à tout souiller.

Si on examine les organes génitaux, on constate les particularités suivantes : le scrotum est bien conformé, le testicule droit occupe les bourses, le gauche est dans l'anneau. Les pubis paraissent normalement conformés.

Le prépuce a un développement qui contraste avec celui de la verge, dont les dimensions sont plus petites qu'on ne l'observe chez un enfant de cet âge. Ce repli forme un bourrelet bien marqué et se continue avec un frein assez large. Ses bords latéraux vont se confondre sur le dos de la verge avec la gouttière uréthrale.

Le pénis terminé par un petit gland dont la forme est régulière, est rétracté au-devant de l'abdomen; il en résulte que la face inférieure de la verge regarde en avant et en haut; le gland se dirige légèrement à droite au lieu d'occuper exactement la ligne médiane.

L'urèthre est représenté par une gouttière située à la face supérieure de la verge; il est superposé aux corps caverneux qui sont réunis dans toute l'étendue du pénis. Le gland lui-même est creusé à sa face dorsale, il en résulte que la rigole s'étend de l'extrémité du gland jusqu'à la symphyse pubienne. La surface de cette rigole est muqueuse, rosée. On y distingue en avant les rudiments de la fosse naviculaire, puis quelques lacunes et orifices de glandes uréthrales. Les bords latéraux se continuent avec la peau de la verge. Cette gouttière uréthrale est presque plane, mais dans l'érection les bords vont à la rencontre l'un de l'autre, la surface se creuse et le canal tend à se constituer.

Au niveau du pubis, on trouve un infundibulum dont le sommet assez étroit est limité par un bord tranchant à concavité inférieure. La longueur du canal, depuis le gland jusqu'à l'orifice de l'infundibulum est de 4 centimètres, celle de la partie profonde est de 3 centimètres environ. Cette partie profonde est manifestement large et dilatable.

La verge, avons-nous dit, est rétractée de telle sorte que la rainure uréthrale correspond au pubis et regarde l'infundibulum. Il en résulte que l'urine est retenue entre le gland et les téguments dans une sorte de réservoir très incomplet; elle ne peut être projetée, elle s'écoule latéralement.

Le 8 septembre M. Dolbeau pratique une opération destinée à placer les parties dans des conditions plus favorables à la contention des urines. Il dissèque successivement :

1° Un lambeau abdominal, rectangulaire, de 7 centimètres de longueur et 2 centimètres de largeur, dont la base adhérente est située au-dessus de l'infundibulum ;

2° Deux lambeaux étroits le long des bords de la gouttière uréthrale, et dont le bord libre est interne. Le lambeau abdominal est alors rabattu sur son pédicule pour former la paroi antéro-supérieure de l'urèthre ; de telle sorte que sa surface cutanée et muqueuse corresponde à la rainure uréthrale. Les bords du lambeau abdominal sont suturés avec ceux des deux lambeaux péniens ;

3 Deux incisions demi-courbes, subparallèles, transversales, à concavité supérieure, circonscrivent sur le scrotum un lambeau dont les deux pédicules restent adhérents de chaque côté, à l'union du scrotum aux téguments. La face postérieure ayant été disséquée, on fait glisser la verge sous le pont scrotal, qui la coiffe. Sa surface cruentée correspond alors à celle du lambeau abdominal ; sa surface cutanée est extérieure. Des sutures l'unissent en avant et en arrière aux autres lambeaux.

Une sonde est fixée dans la vessie au moyen du petit anneau de Dupuytren, et on fait un pansement simple.

Durant les premiers jours qui suivirent l'opération (du 8 au 15 septembre), une inflammation assez vive a fait craindre de voir les lambeaux se sphacéler et les sutures se détacher complétement. Les symptômes se sont apaisés ; ils étaient aggravés encore par le passage de l'urine qui filtrait par plusieurs pertuis entre les sutures des lambeaux abdominaux et uréthraux. De plus, la sonde fonctionnait mal, et le cathétérisme était difficile à cause du gonflement des parties. Néanmoins le lambeau scrotal, grâce à ses deux pédicules, a parfaitement tenu et a empêché l'insuccès de l'opération. Il était très gonflé, ainsi que le prépuce dont les proportions étaient insolites.

L'état général a présenté les signes d'une réaction fébrile violente : inappétence, perte de sommeil, douleurs vives, rougeur des téguments au voisinage de la plaie. Le malade a pourtant échappé à l'érysipèle qui exerçait à cette époque une influence déplorable sur le sort des opérés.

Dès le 15 septembre l'amélioration devint sensible; la sonde fonctionna bien. Diminution du gonflement, les bords de la plaie scrotale se rapprochent ainsi que ceux de la plaie abdominale; mais celle-ci se recouvre de légers enduits pultacés, analogues au muguet par leur aspect, et qui sont traités avantageusement par la cautérisation au nitrate d'argent. Des bandelettes de collodion rapprochent les lambeaux dans les points où les sutures ont incomplétement réussi.

Du 15 septembre jusqu'au 1er octobre. — L'amélioration va sans cesse en augmentant; les plaies sont presque complétement cicatrisées. Le 1er octobre le malade se lève, sa sonde est enlevée. En le faisant uriner, on voit qu'il lance par son nouvel urèthre un jet assez puissant; deux autres petits jets se montrent à droite et à gauche entre le lambeau scrotal et l'infundibulum, à la base du lambeau abdominal.

Une nouvelle opération est jugée nécessaire; mais déjà un résultat important est obtenu : l'enfant garde ses urines, et pisse à volonté.

6 octobre. — Le malade étant endormi, on pratique des avivements sur les bords des lambeaux pénien et scrotal, afin de compléter en avant et latéralement le canal uréthral. Pas d'avivements pour les pertuis signalés au niveau de la base du lambeau abdominal. — Sonde à demeure.

L'opération est très bien supportée. Pas de fièvre ni de gonflement. — Le 9, on retire les fils, la réunion s'est faite. — Le 12, suppression de la sonde. — Le 15 on fait uriner l'enfant; son jet est très net et très fort par l'urèthre mieux canalisé; mais de l'urine sort encore par les deux pertuis situés aux angles du pédicule du lambeau abdominal.

Le 18 octobre. — *Troisième opération.* — 1° Avivement des bords de la solution de continuité du côté gauche (la plus considérable). Les tissus sont très durs ; le bord interne est constitué par le lambeau scrotal, l'externe par la peau du côté gauche de l'infundibulum. Trois points de suture.

2° Un petit cautère actuel est introduit dans le mince pertuis du côté droit. — Sonde à demeure.

Pas de réaction, mais le malade turbulent s'agite, et trois jours après les sutures sont retirées et la plaie se rouvre.

La sonde est maintenue; application de bandelettes de collodion, obturant les pertuis. La guérison s'approche de jour en jour (28 octobre).

6 novembre. — Cautérisation du pertuis à gauche.

15. — Insuccès.

18. — Nouvelle cautérisation du pertuis. En même temps cautérisation antéro-postérieure de la portion gauche de la partie supérieure de l'urèthre, dans le but de diminuer la largeur du canal.

1er décembre. — Le pertuis a diminué, mais il laisse encore passer quelques gouttes d'urine.

15 décembre. — Cautérisation du pertuis au moyen du caustique de Vienne.

Dans la deuxième semaine de janvier 1861, l'enfant a pu quitter l'hôpital et voici l'état dans lequel il se trouvait :

Le gland regarde directement en avant ; il y a au-dessus de la gouttière uréthrale une paroi bien épaisse et régulièrement disposée ; il en résulte que le canal se trouve reconstitué. L'enfant garde ses urines au lit et même debout. Il rend ses urines par un jet vigoureux et assez régulier. Le besoin d'uriner se fait sentir toutes les deux heures, mais si l'enfant ne satisfait pas à ce besoin immédiatement, le liquide commence à suinter et à souiller les téguments. En surveillant l'enfant, en l'obligeant à pisser régulièrement, on peut l'habiller et le conserver propre et non mouillé.

La contention de l'urine est donc obtenue, mais elle est imparfaite. L'enfant ne peut différer longtemps au besoin de rendre les urines, la moindre émotion est suivie de l'issue de ce liquide.

On a pu constater à diverses reprises que l'enfant avait des érections et certaines tendances à la masturbation.

L'enfant a grandi ; son intelligence se développe beaucoup.

Albert a été revu en mars et la guérison persistait.

Obs. VIII. — *Epispadias. — Autoplastie par le procédé de M. Nélaton. — Gangrène partielle du lambeau abdominal. — Réunion par seconde intention. — Opérations complémentaires* (Hôpital Saint-Louis, salle Saint-Augustin. — M. Dolbeau) (1).

Laportery Émile, âgé de sept ans, demeurant rue des Bourdonnais, n° 22, premier arrondissement, né à Auch, entré le 6 septembre 1860 à l'hôpital Saint-Louis, salle Saint-Augustin, n° 70, dans le service de M. Dolbeau.

Cet enfant, d'un tempérament lymphatique, présente à la place de la verge une sorte de tubercule correspondant au gland et appliqué contre la partie inférieure de la paroi abdominale antérieure ; si on récline en bas ce tubercule, on trouve, à sa face supérieure, une gouttière de 4 centimètres de longueur sur 8 millimètres de largeur, tapissée par une muqueuse d'un rouge assez vif. Cette gouttière n'est autre chose que l'urèthre situé en avant des corps caverneux et dépourvu de paroi antérieure ; elle naît d'un orifice semi-circulaire d'un centimètre de diamètre à bord tranchant, placé immédiatement au-dessus de la symphyse des pubis, qui paraît intacte. Les bords de ce demi-canal sont creusés d'une sorte de rigole superficielle de 3 millimètres de largeur, limitée, en dehors, par une saillie sinueuse et dentelée

(1) Observation recueillie par M. Lallement, interne du service.

semblable à une cicatrice couturée, quoique aucune opération n'ait été pratiquée.

La gouttière uréthrale se termine en avant en bec de plume, creusé à sa pointe d'un cul-de-sac, vestige de la fosse naviculaire.

Cette verge rudimentaire est formée presque entièrement par un gland complet, au-dessous duquel se trouve un repli cutané, lâche et flottant, c'est le prépuce qui se continue inférieurement avec le scrotum ; de chaque côté du pénis, les bords de l'orifice sous-pubien se continuent avec les bourses. Les testicules sont descendus, mais ils semblent plus petits qu'à l'état normal : une petite sonde, glissée sur la gouttière uréthrale, pénètre difficilement dans une vessie qui paraît assez grande.

L'enfant retient ses urines quand il est couché ; cependant il y a de l'incontinence nocturne, qui cesse, dit-on, par la menace d'un châtiment. Pendant l'examen, l'urine afflue par l'orifice abdominal ; par suite de l'excitation produite par les attouchements nécessaires à l'examen, cette petite verge entre en érection ; au lieu de rester appliquée contre l'orifice sous-pubien, elle tend à devenir horizontale, et sa longueur augmente environ d'un centimètre.

Quelques jours après son entrée, l'enfant est pris d'un peu de fièvre, avec toux légère et quelques épistaxis ; cet accès fébrile se termine par l'apparition d'un *herpes labialis* et de ganglions sous-maxillaires. Cet état maladif fait retarder l'opération jusqu'au 20 septembre.

OPÉRATION. — *Premier temps.* — De chaque côté de la gouttière uréthrale est pratiquée une incision longitudinale dont le bord externe est disséqué sur une petite largeur. L'interne est également isolé

Deuxième temps. — Un lambeau quadrilatère est taillé sur la paroi abdominale antérieure ; ses dimensions sont d'environ 6 centimètres en hauteur sur 2 en largeur. Il reste adhérent par sa base correspondant à l'orifice sous-pubien ; il est renversé sur l'urèthre, de sorte que sa face cutanée forme la paroi antérieure du canal à reconstituer ; la face sanglante reste supérieure. Ce lambeau doit être fixé par ses bords aux lèvres internes des incisions latérales de la verge. M. Dolbeau imagine d'appliquer dans ce but la suture de Gély, afin d'affronter les deux lambeaux non pas seulement par leurs bords, mais par des surfaces suffisamment larges pour assurer leur adhésion.

Troisième temps. — Un lambeau en croissant est taillé sur la partie antérieure du scrotum ; une incision supérieure, à concavité dirigée en haut, pratiquée dans le sillon péno-scrotal, et une incision inférieure concentrique à la première et la dépassant par ses deux extrémités, limitent une bande de peau qui est détachée du dartos ; elle reste adhérente par ses deux extrémités : sous le pont qu'elle forme par sa séparation du scrotum, la verge est engagée comme dans un anneau. Il en résulte que la face saignante du lambeau scrotal s'applique sur la surface sanglante du lambeau abdominal.

Deux ligatures de petites artères ont dû être pratiquées, l'une sur la plaie prépubienne, vers son angle inférieur, l'autre sur la verge elle-même. Pour assurer l'exactitude des rapports des deux lambeaux, deux points de suture sont appliqués de chaque côté.

L'opération a duré une heure ; pendant tout ce temps, l'enfant est resté plongé dans le sommeil chloroformique ; vers la fin, un vomissement bilieux est seul venu troubler la marche normale de l'anesthésie.

Une sonde en gomme élastique est introduite dans le nouveau canal, tant pour empêcher l'urine de nuire à la réunion immédiate que pour maintenir le calibre de l'urèthre.

Un pansement ordinaire est appliqué; la sonde est fixée à l'aide d'un anneau muni de cordons dont les uns sont noués sur une ceinture abdominale et les autres sur la sonde elle-même. L'enfant est reporté dans son lit ; le bassin et les cuisses reposent sur des coussins, de sorte qu'au périnée répond un espace vide dans lequel est logé un vase destiné à recevoir les urines. Pour éviter tout mouvement trop brusque, des liens fixent les membres aux bords du lit; la tranquillité de l'enfant les rend bientôt inutiles : ils sont supprimés, excepté pendant la nuit.

La journée se passe aussi heureusement que possible.

21 septembre. — Le pansement est levé ; il est souillé par un peu de sérosité rougeâtre ; un peu de sang caillé couvre la plaie abdominale.

22. — Les surfaces, prépubienne et scrotale, dénudées commencent à suppurer : les lambeaux et le prépuce sont gonflés, comme œdématiés.

La sonde est changée. — Même pansement.

Le petit opéré est tranquille; il ne souffre pas : bon appétit, sommeil.

23. — Les deux points de suture qui unissent de chaque côté le lambeau abdominal au lambeau scrotal sont enlevés; la réunion par première intention ne s'est pas faite en ces points.

24. — Le gonflement persiste : le poids du lambeau scrotal tend à le porter en bas et en avant; pour remédier au tiraillement, une languette de toile, imbibée de collodion, est fixée, d'une part, sur ce lambeau, d'autre part, sur l'abdomen au-dessus de la plaie. La suture de Gély, qui unit le tablier prépubien aux côtés de l'urèthre, n'est pas encore tombée; le bord antérieur du lambeau abdominal paraît gangrené : un peu de douleur est causé par le pansement.

25. — La plaie scrotale est brun noirâtre, comme légèrement gangrenée à la surface ; l'enfant d'ailleurs se porte bien.

26. — Le tablier abdominal est complétement sphacélé au tiers antérieur, de telle sorte qu'il est réduit à son pédicule : il forme un moignon de 3 centimètres environ. Le pont scrotal, manquant de point d'appui, glisse jusqu'à l'extrémité du gland ; dans les efforts que fait l'enfant, l'urine reflue sous le lambeau jusque sur la plaie abdominale. Un morceau de linge, taillé en fer à cheval, imbibé de collodion, est appliqué sur le lambeau scrotal par sa partie moyenne et de chaque côté de la plaie abdominale par ses branches.

27. — Ce petit appareil contentif est impuissant à maintenir le lambeau scrotal entièrement décollé. Pour sauver les restes de l'opération, M. Dolbeau fait la petite opération suivante : l'enfant anesthésié par le chloroforme, le pédicule vivant du tablier abdominal est traversé par trois fils dont les chefs sont ramenés dans la gouttière uréthrale, puis fixés, à travers le bord antérieur du lambeau scrotal, à l'aide d'un morceau de bougie sur lequel ils sont noués ; de chaque côté, un point de suture réunit le bord postérieur du lambeau scrotal au bord latéral correspondant de la plaie prépubienne. Une nouvelle sonde est introduite et fixée à demeure ; même pansement.

1er octobre. — Les points de suture latéraux ont coupé le bord du lambeau scrotal, mais des adhérences se sont établies avec le pédicule prépubien ; on les soutient à l'aide de bandelettes imbibées de collodion.

4. — La suture qui réunit le lambeau abdominal au lambeau scrotal est enlevée, les bandelettes au collodion supprimées. La réunion s'est faite entre ces deux parties, mais les bords latéraux du pont scrotal ne sont pas réunis, et, malgré la présence de la sonde, l'urine reflue souvent par ces deux points, de sorte qu'elle imbibe les pièces de pansement.

Les plaies, hypogastrique et scrotale, se cicatrisent rapidement ; on les touche de temps à autre avec le nitrate d'argent. Le prépuce reste très volumineux, et, au premier abord, on le prendrait pour les bourses qui sont accolées contre le périnée.

20. — L'enfant se lève, les surfaces bourgeonnantes se cicatrisent, mais le canal est loin d'être reconstitué ; il y a en haut, et latéralement, de chaque côté du lambeau abdominal, deux fistules de 6 millimètres, sortes de fentes. L'enfant conserve ses urines ; il les rend par jet, mais peu loin et avec effort ; la nuit et le jour, il en perd un peu si son attention n'est pas éveillée sur la nécessité de les garder.

6 novembre. — Restauration de la fistule. A gauche, sutures ; cautérisation à droite ; sonde à demeure.

9. — L'enfant ne tient pas en place : la suture a manqué. Collodion.

20. — Les deux fistules ont été recouvertes de bourgeons charnus, et, grâce à un pansement méthodique, l'adhésion secondaire a été obtenue ; l'enfant se lève.

1ᵉʳ décembre. — L'enfant garde ses urines au lit, mais, quand il marche, il laisse tomber continuellement des gouttes qui souillent le parquet ; la verge est maintenant recouverte par un couvercle cutané, mais la paroi supérieure de l'urèthre est encore très incomplète. Une nouvelle opération est pratiquée du côté droit, voici en quoi elle consiste : 1° avivement de la face inférieure du lambeau scrotal dans toute sa portion droite, en respectant la ligne médiane ; 2° dissection des téguments de la verge du côté correspondant ; 3° quatre points de suture. Sonde à demeure.

6. — La réunion s'est effectuée, et dans quelques jours on agira de même pour le côté gauche. État général bon.

25. — On pratique la dernière opération. Les suites sont assez simples, mais, la suture ayant manqué, la réunion n'a été que secondaire.

28 janvier. — Le canal de l'urèthre est actuellement reconstitué, mais il permet l'introduction du petit doigt, ce qui fait voir qu'il a un calibre plus considérable que dans l'état normal. L'enfant garde un verre d'urine ; il ne laisse plus tomber de gouttes pendant la marche ; cependant il est souvent mouillé, ce qui tient au défaut de soin : il néglige de s'essuyer après la miction, ou bien il a la paresse de ne pas aller uriner, et l'incontinence survient par suite du regorgement ; si on a le soin de surveiller l'enfant et de le punir, il ne pisse plus au lit et il ne se mouille plus pendant le jour.

Dans le but de faciliter la contention des urines, M. Dolbeau pratique une cautérisation avec le fer rouge ; il se propose d'obtenir une diminution dans le calibre du canal.

8 avril. — Les résultats laissent encore à désirer ; aussi, dans le but de diminuer le calibre de l'urèthre, on avive toute la face profonde de la paroi supérieure du canal et on réunit transversalement.

1ᵉʳ mai. — Les résultats sont actuellement très bons. Le canal est beaucoup moins large et il suffit de surveiller l'enfant pour que ses vêtements ne soient pas souillés. Il quitte l'hôpital.

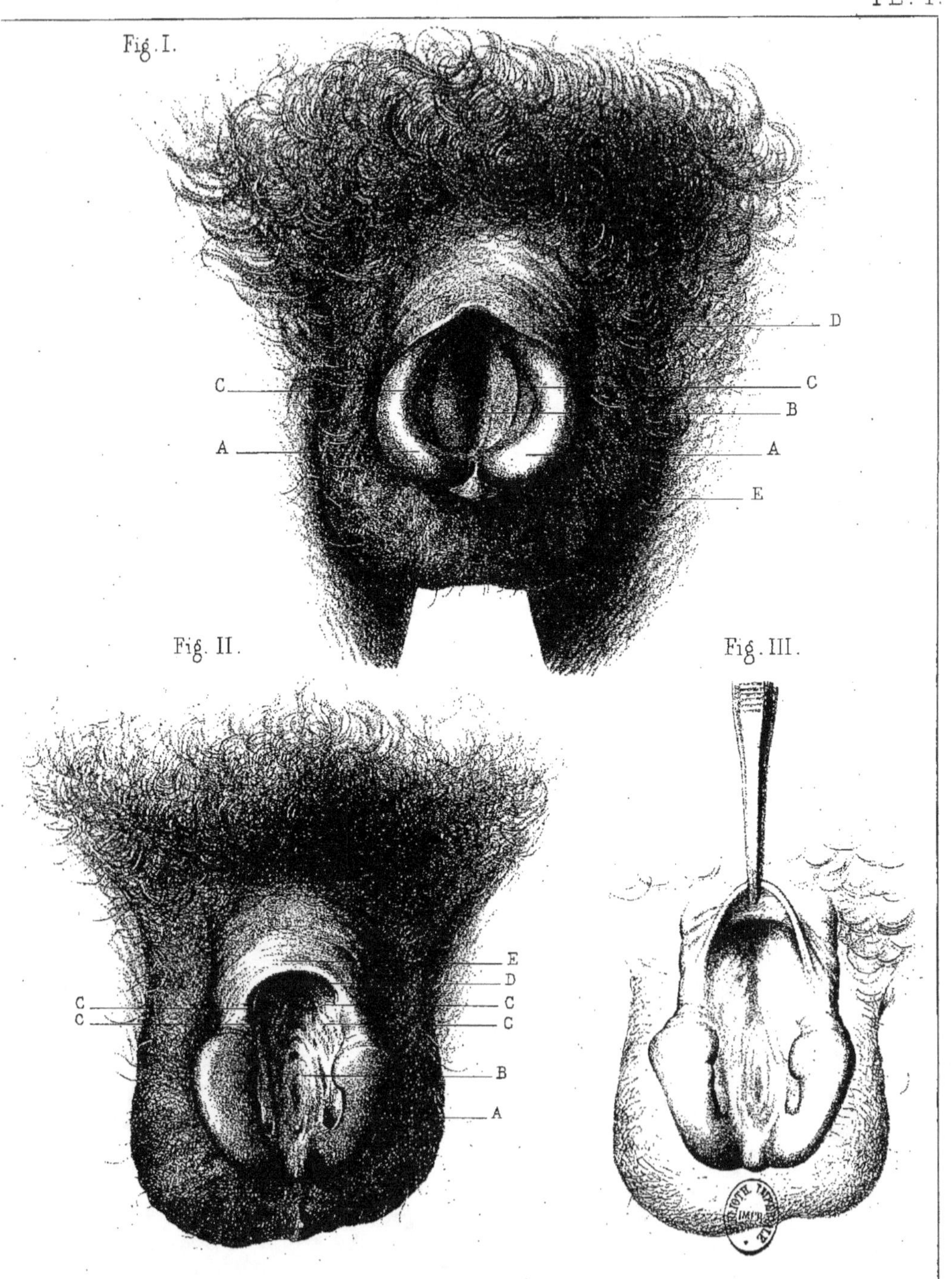

Varet del.   Imp. Becquet, Paris.   Lackerbauer lith.

EXPLICATION DES PLANCHES.

PLANCHE I.

ÉPISPADIAS INCOMPLETS. — CONFORMATION EXTÉRIEURE.

FIG. I. — Épispadias balanique, d'après le dessin donné par M. Marchal.

    A. Gland ouvert sur la face supérieure.

    B. Sillon médian de la fosse naviculaire.

    C,C. Sillons latéraux.

    D. Orifice du canal de l'urèthre.

    E. Frein du prépuce.

FIG. II et FIG. III. — Épispadias spongo-balanique incomplet.

    A. Gland divisé sur la face supérieure.

    B. Fosse naviculaire.

    C,C. Lacunes de Morgagni.

    D. Orifice du canal de l'urèthre.

    E. Fourreau de la verge.

PLANCHE II.

ÉPISPADIAS COMPLETS. — CONFORMATION EXTÉRIEURE.

FIG. I. — Aspect général de la malformation, d'après le malade de l'observation VII.

A,A. Gland présentant une légère torsion à gauche.

B. Scissure médiane du gland.

C. Frein du prépuce.

D. Prépuce.

E. Raphé médian du périnée et du scrotum.

FIG. II. — Dessin d'après le malade de l'observation VIII.

A. Gland.

B. Prépuce.

C. Frein.

FIG. III. — Même sujet. Le pénis a été tiré en bas et en avant de manière à montrer l'orifice de sortie des urines.

A,A. Gland.

B. Sillon médian de l'urèthre.

C,C. Sillons latéraux.

D. Orifice de sortie des urines.

E. Croissant cutané qui fait la limite supérieure de l'orifice urinaire.

F. Prépuce tiré en bas.

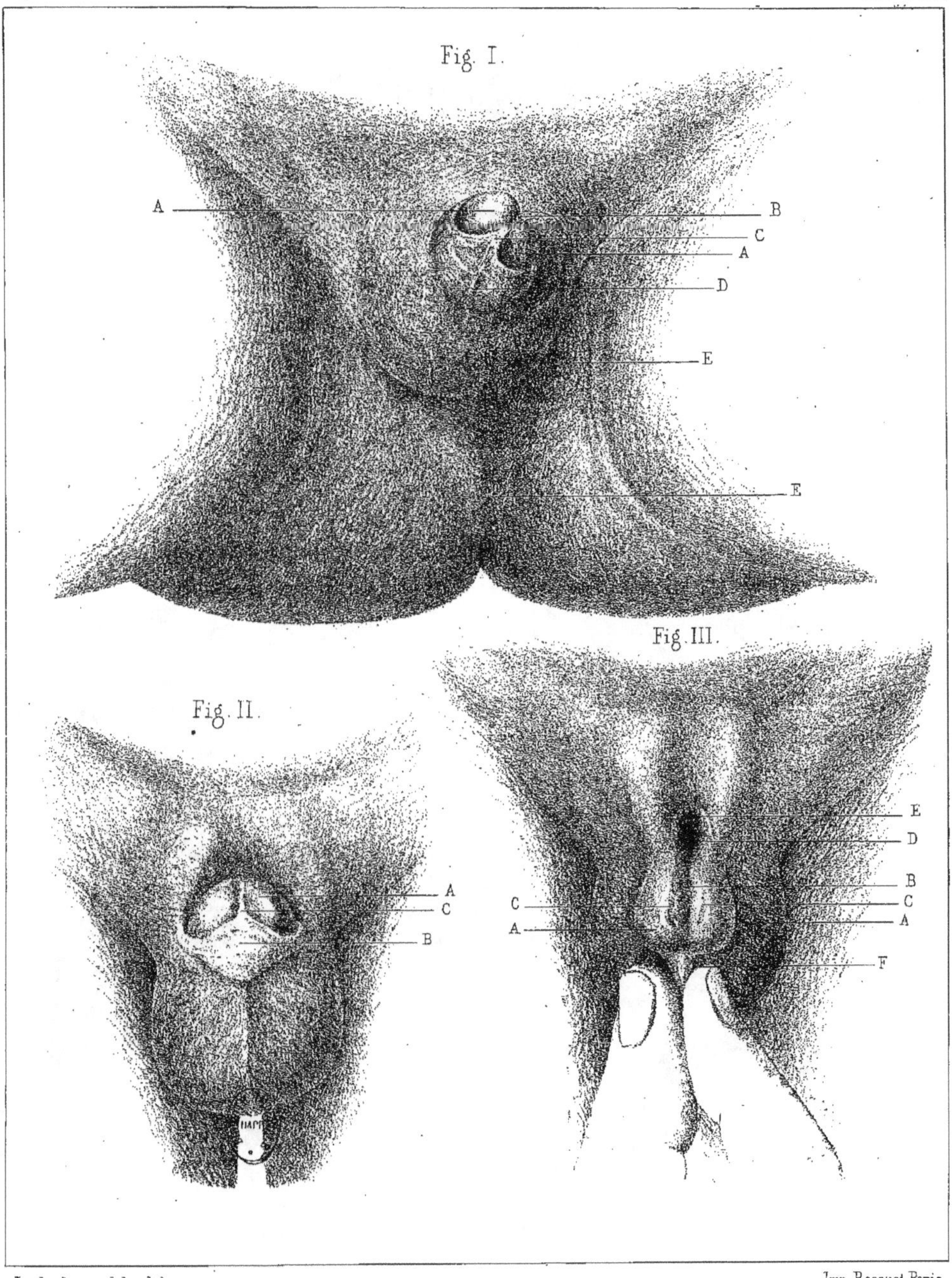

Fig. I.
A
B
C
A
D
E
E
Fig. II.
A
C
B
Fig. III.
E
D
B
C
A
C
A
F

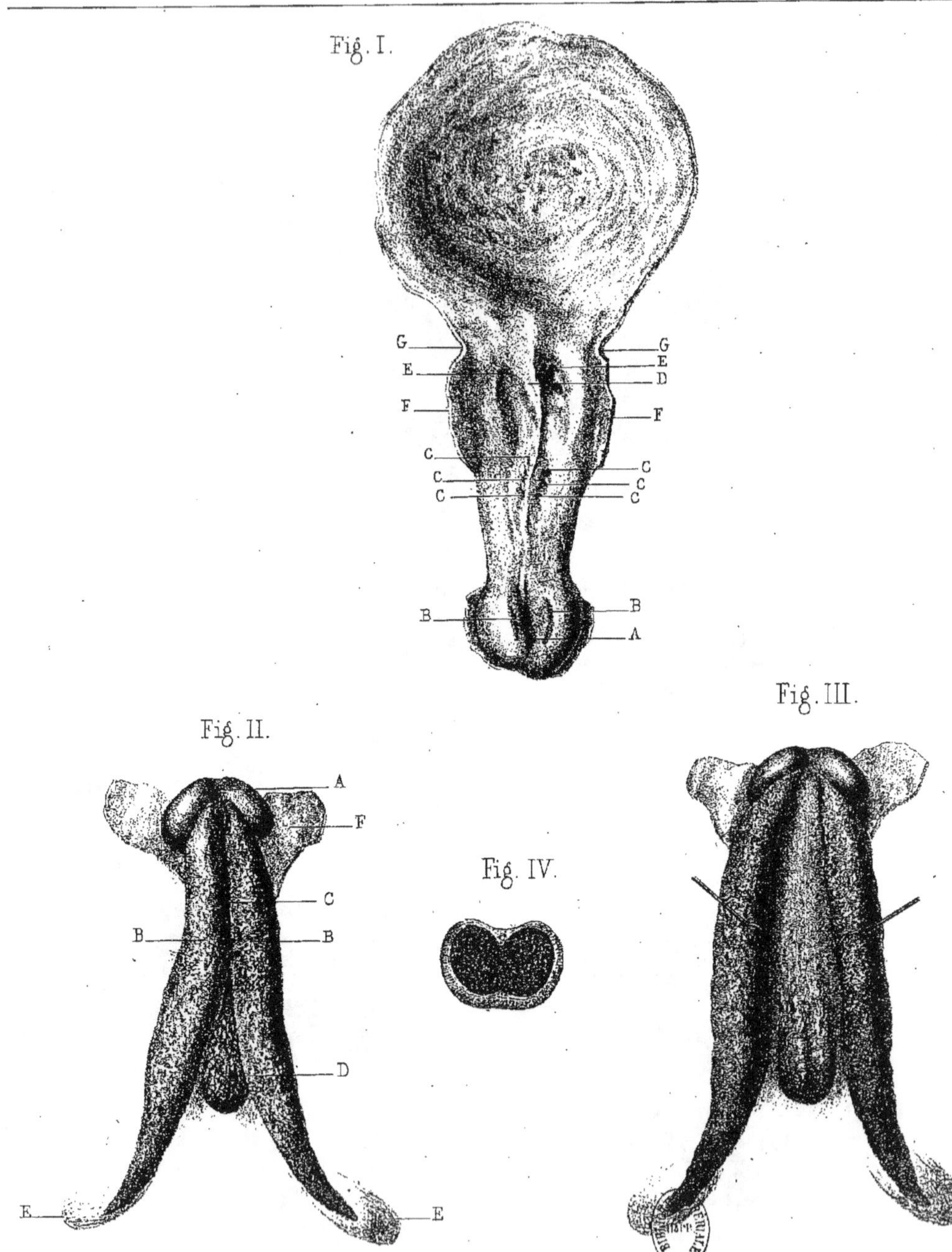

Fig. I.
G
E
F
C
C
C
B
G
E
D
F
C
C
C
B
A
Fig. II.
A
F
C
B
B
D
E
E
Fig. IV.
Fig. III.

PLANCHE III.

ÉPISPADIAS COMPLETS. — CONFORMATION INTÉRIEURE ET STRUCTURE.

FIG. I. — Vessie et urèthre d'un sujet épispade, observation VI.

    A. Fosse naviculaire.

    B,B. Petits sillons latéraux.

    C,C,C. Lacunes de Morgagni.

    D. Verumontanum.

    E,E. Petites valvules uréthrales.

    F,F. Paroi supérieure de la portion profonde de l'urèthre.

    G. Col de la vessie ouvert en haut.

FIG. II. — Parties érectiles de la verge, injectées et disséquées.

    A. Gland.

    B,B. Corps caverneux du pénis.

    C. Union des deux corps caverneux.

    D. Bulbe de l'urèthre composé de deux moitiés latérales.

    E,E. Tubérosités de l'ischion.

    F. Parties latérales du prépuce.

FIG. III. — Les corps caverneux écartés artificiellement pour montrer les parties profondes.

    A. Gland.

    B,B. Corps caverneux écartés par dissection.

    C. Membrane muqueuse de l'urèthre.

    D,D. Bulbe composé de deux moitiés.

    E,E. Plusieurs veinules sinueuses qui n'arrivaient pas jusqu'au gland.

FIG. IV. — Coupe transversale pratiquée dans le milieu du pénis.

    A,A. Coupe de corps caverneux réunis entre eux.

    B. Gouttière uréthrale.

    C,C. Coupe des rudiments des corps spongieux qui se trouvent superposés aux corps caverneux.

PLANCHE IV.

OPÉRATIONS. — RÉSULTATS.

FIG. I. — Elle est destinée à faire comprendre les différentes incisions nécessaires à la restauration de l'épispadias complet. Les lambeaux sont en place.

A,A. Gland.

B. Sillon médian.

C. Orifice de sortie des urines.

D,D. Incisions parallèles à la gouttière uréthrale.

E,E. Incisions circonscrivant le lambeau abdominal : elles se continuent avec les précédentes.

F,F,F,F. Double incision courbe circonscrivant le lambeau scrotal.

H. Scrotum.

FIG. II. — Résultat consécutif à une première opération, observation VI.

A,A. Gland.

B. Méat urinaire.

C. Frein et prépuce.

D. Scrotum.

E. Extrémité antérieure du lambeau abdominal.

F. Lambeau scrotal superposé et adhérent au précédent.

G. Point où la suture a manqué.

H. Fistule située entre la circonférence postérieure du lambeau scrotal et la paroi abdominale.

I. Cicatrice abdominale.

FIG. III. — Résultat définitif après des opérations successives, observation VII.

A. Gland.

B. Frein.

C. Prépuce œdématié.

D. Scrotum.

E,E,E. Lambeau scrotal.

F. Méat.

H. Cicatrice abdominale.

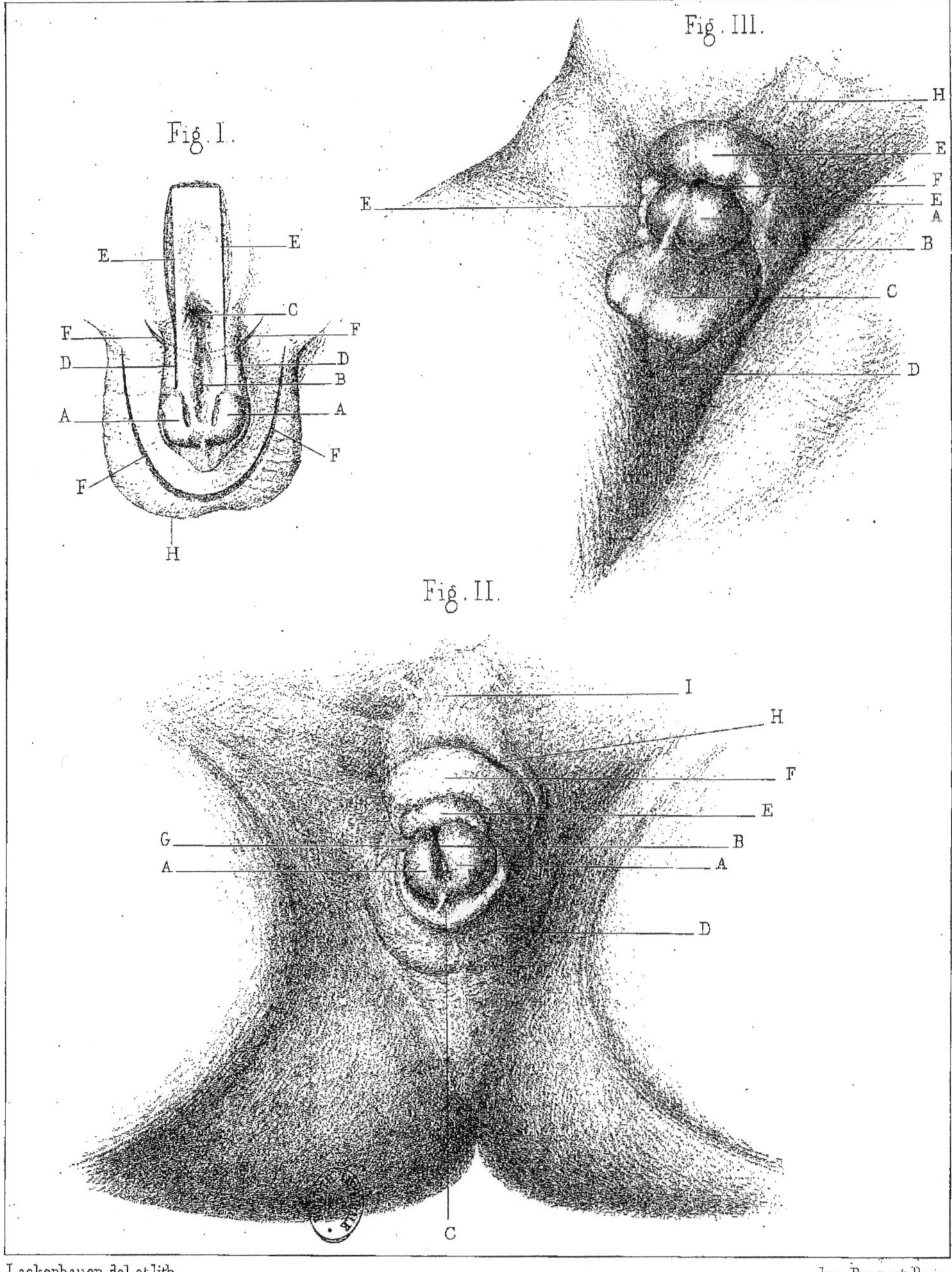

Fig. I.
Fig. II.
Fig. III.